21 世纪全国高职高专计算机系列实用规划教材

Java 程序设计教程与实训
（第 2 版）

主　编　许文宪　李兴福

副主编　宋学坤　许敬芝

内 容 简 介

Java 语言是目前最流行的面向对象程序设计语言。本书按照"基本够用、适当扩展"的原则,分 9 章介绍 Java 的运行环境、语言基础、类、对象、继承、多态、数组与常用类、异常处理、数据流、图形用户界面、JDBC 技术等内容,第 10 章提供若干典型实训项目,便于实践教学。全部习题、实训的参考答案均可从 http://www.pup6.cn 下载或通过 E-mail 发送。

本书主要面向高职高专学生,可以作为高职高专计算机类和信息管理类专业的专科教材,也可作为其他专业的选学教材。

图书在版编目(CIP)数据

Java 程序设计教程与实训/许文宪,李兴福主编. —2 版. —北京:北京大学出版社,2013.1
(21 世纪全国高职高专计算机系列实用规划教材)
ISBN 978-7-301-20879-3

Ⅰ. ①J… Ⅱ. ①许…②李… Ⅲ. ①JAVA 语言—程序设计—高等职业教育—教材 Ⅳ. ①TP312

中国版本图书馆 CIP 数据核字(2012)第 139671 号

书　　名:	Java 程序设计教程与实训(第 2 版)
著作责任者:	许文宪　李兴福　主编
策 划 编 辑:	李彦红
责 任 编 辑:	刘国明
标 准 书 号:	ISBN 978-7-301-20879-3/TP・1230
出　版　者:	北京大学出版社
地　　　址:	北京市海淀区成府路 205 号　100871
网　　　址:	http://www.pup.cn　http://www.pup6.cn
电　　　话:	邮购部 62752015　发行部 62750672　编辑部 62750667　出版部 62754962
电 子 邮 箱:	pup_6@163.com
印　刷　者:	北京鑫海金澳胶印有限公司
发　行　者:	北京大学出版社
经　销　者:	新华书店
	787mm×1092mm　16 开本　14.25 印张　323 千字
	2005 年 9 第 1 版　2013 年 1 月第 2 版　2015 年 1 月第 2 次印刷
定　　　价:	28.00 元

未经许可,不得以任何方式复制或抄袭本书之部分或全部内容。
版权所有　侵权必究　举报电话:010-62752024
电子邮箱:fd@pup.pku.edu.cn

前　言

Java 语言是一种面向对象的程序设计语言。目前，各高职高专院校的计算机相关专业大都将其作为"面向对象程序设计"首选的基础课程。

高职高专 Java 语言课程的教学目标是具备 Java 程序设计的基本能力，为 Java 的进一步深入学习或专题学习奠定基础；强化培养面向对象的思维方式，为学习后续课程提供必要的知识准备。通常面面俱到地讲述 Java 语言应该涉及的内容对高职高专学生来说是不适合的，也是教学计划所不允许的；同时，在高职高专的教学计划中，开始 Java 语言课程的教学时，学生面向对象程序设计的知识很弱且不系统。

基于上述理念，编者于 2005 年编写了《Java 程序设计教程与实训》教材，其针对高职高专教育的特点和规律，强调教材的实用性和易学性。在内容上，从实际教学出发，以"基本够用、适当扩展"为原则；在知识讲述上，尽量采用高职高专学生能够理解的叙述方式，力求"通俗易懂、逻辑严谨"。参加编写的老师有：许文宪(济南职业学院，主编)、董子建(聊城职业技术学院，主编)、王轶凤(山东商业职业技术学院，副主编)、李伟(昆明冶金高等专科学校，副主编)、李兴福(济南职业学院，参编)、赵晓峰(无锡商业职业技术学院，参编)、周绍景(昆明冶金高等专科学校，参编)、白杨(辽东学院信息技术学院，参编)、王艳红(济南职业学院，参编)、罗毅(湖北教育学院信息学院，参编)、牧笛(河南商业高等专科学校，参编)。

6 年来，各院校同仁对第 1 版教材内容提出了很多宝贵的意见和中肯的建议，Java 语言也有了更成熟的发展。为此，编者对第 1 版进行了修订。此次修订的原则是：保持原有的风格和特色，吸收同仁们的教学实践经验，更加反映技术进展，更加符合目前高职高专教学的需要。修订工作主要包括以下几个方面：将 JDK 版本由 1.4.2 改为 JDK6.0，所有例题的源程序重新进行了调试；删除了有关 Applet 的内容；重写了图形用户界面的内容，由 AWT 改为 Swing 实现；调整、合并了部分内容；增加了"JDBC 技术"一章，满足数据库方面的教学需要；修改了部分例题、习题和实训内容。

修订后的第 2 版教材共分为 10 章。第 1 章至第 9 章主要包括 Java 的运行环境、语言基础、类、对象、继承、多态、数组与常用类、异常处理、数据流、图形用户界面以及 JDBC 技术。第 10 章是实训部分，共给出了 18 个典型的实训。可以从 http://www.pup6.cn 下载参考答案和源代码，也可通过 E-mail xwxian@126.com 或 tingwei0104@126.com)直接索取。

本书第 2 版的修订工作主要由济南职业学院的许文宪、李兴福完成。河南中医学院信息技术学院的宋学坤、济南职业学院的许敬芝参加了本书的编写，许敬芝负责调试全书的例题代码，给出实训部分的参考答案。

本书作为三年制的高职高专课程教材，建议讲授学时为 48～64 学时，上机实习学时为 32 学时。

由于作者水平有限，书中难免存在不足之处，敬请广大读者特别是讲授此课程的老师批评指正。读者在使用过程中发现的问题和提出的建议可随时发送到邮箱：xwxian@126.com 或 tingwei0104@126.com，以便编者今后对本书进行进一步改进，在此表示衷心感谢！

作　者

2015 年 1 月

目 录

第 1 章 Java 语言概述 1
1.1 Java 的发展历史和语言特点 1
1.1.1 Java 的发展历史 1
1.1.2 Java 的语言特点 2
1.1.3 Java 运行机制 3
1.2 Java 的运行环境 4
1.3 最简单的 Java 程序 6
1.3.1 Hello World 程序的开发流程 ... 6
1.3.2 程序分析 6
小结 8
习题 8

第 2 章 Java 语言基础 9
2.1 Java 的基本数据类型 9
2.1.1 标识符 9
2.1.2 基本数据类型 10
2.1.3 常量 11
2.1.4 变量 12
2.1.5 数据类型转换 14
2.2 运算符 14
2.2.1 算术运算符 14
2.2.2 关系运算符 16
2.2.3 逻辑运算符 17
2.2.4 位运算符 19
2.2.5 其他运算符 20
2.2.6 运算符的优先级 21
2.3 Java 的控制结构 21
2.3.1 if 结构 21
2.3.2 switch 语句 24
2.3.3 for 循环 25
2.3.4 while 循环和 do-while 循环 ... 26
2.3.5 跳转语句 27
小结 30
习题 30

第 3 章 类和对象 32
3.1 类的定义 32
3.1.1 类和对象的关系 32
3.1.2 类的定义格式 34
3.2 方法 36
3.2.1 方法的返回值 36
3.2.2 方法的参数 37
3.3 类的实例化 38
3.3.1 创建对象 38
3.3.2 使用对象成员 39
3.3.3 类成员的访问控制 41
3.4 构造方法 45
3.4.1 构造方法的作用和定义 45
3.4.2 默认构造方法 46
3.4.3 构造方法的使用 46
3.5 参数传递和 this 引用 47
3.5.1 对象作为方法的参数 47
3.5.2 this 引用 49
3.5.3 类的封装性 50
3.6 类的组织 51
3.6.1 包的概念 51
3.6.2 创建包 52
3.6.3 访问包 52
3.7 实例分析 56
小结 59
习题 59

第 4 章 继承与多态 61
4.1 继承和多态的概念 61
4.1.1 继承的概念 61
4.1.2 多态的概念 63
4.2 类的继承 64

| 4.2.1 继承的实现 64
| 4.2.2 属性和方法的继承 65
| 4.2.3 父类对象与子类对象的转换 66
| 4.2.4 构造方法的继承 67
4.3 类成员的覆盖 69
| 4.3.1 覆盖的概念 69
| 4.3.2 域隐藏的使用 69
| 4.3.3 方法覆盖的使用 71
| 4.3.4 super 引用 72
4.4 方法重载 73
| 4.4.1 方法的重载 73
| 4.4.2 构造方法的重载 74
4.5 抽象类和最终类 75
| 4.5.1 抽象类 75
| 4.5.2 最终类 77
4.6 接口 77
| 4.6.1 接口的定义 77
| 4.6.2 接口的实现 78
小结 80
习题 80

第 5 章 数组与常用类 82

5.1 数组 82
| 5.1.1 数组的定义与创建 82
| 5.1.2 访问数组元素 83
| 5.1.3 使用二维数组 86
| 5.1.4 命令行参数 88
5.2 Java API 与技术文档 89
5.3 数据类型类 91
| 5.3.1 数据类型类的属性和构造
            方法 91
| 5.3.2 数据类型类的常用方法 92
5.4 String 类和 StringBuffer 类 94
| 5.4.1 String 类 95
| 5.4.2 StringBuffer 类 100
5.5 Java 中的集合类 103
| 5.5.1 Vector 类 103
| 5.5.2 Stack 类 105
| 5.5.3 Hashtable 类 105

| 5.5.4 foreach 语句的使用 108
小结 110
习题 110

第 6 章 Java 异常处理 112

6.1 异常处理概述 112
| 6.1.1 异常 112
| 6.1.2 异常处理机制 113
| 6.1.3 异常分类 113
6.2 Java 异常的处理方法 114
| 6.2.1 try/catch/finally 115
| 6.2.2 声明异常 118
| 6.2.3 抛出异常 119
| 6.2.4 自定义 Java 异常 120
小结 121
习题 122

第 7 章 Java 数据流 123

7.1 Java 数据流概述 123
7.2 Java 字节流 125
| 7.2.1 InputStream 类与
            OutputStream 类 125
| 7.2.2 System.in 与 System.out 126
| 7.2.3 FileInputStream 类与
            FileOutputStream 类 127
| 7.2.4 DataInputStream 类与
            DataOutputStream 类 129
7.3 Java 字符流 132
| 7.3.1 Reader(字符输入流)类与
            Writer(字符输出流)类 132
| 7.3.2 FileReader 类与
            FileWriter 类 132
| 7.3.3 BufferedReader 类与
            BufferedWriter 类 133
| 7.3.4 InputStreamReader 与
            OutputStreamWriter 134
7.4 读写随机文件 135
7.5 目录与文件管理 138
小结 142
习题 143

第 8 章　Java 图形用户界面 144

- 8.1　Java 图形用户界面概述 144
  - 8.1.1　AWT 和 Swing 144
  - 8.1.2　组件和容器 146
- 8.2　Swing 常用组件 147
  - 8.2.1　框架与面板 147
  - 8.2.2　按钮和标签 151
  - 8.2.3　复选框和单选按钮 152
  - 8.2.4　单行文本框和多行文本框 152
  - 8.2.5　列表框和下拉列表框 155
  - 8.2.6　表格与滚动面板 157
  - 8.2.7　菜单 158
- 8.3　布局管理器 163
  - 8.3.1　布局管理器概述 163
  - 8.3.2　流布局 163
  - 8.3.3　边界布局 164
  - 8.3.4　网格布局 165
  - 8.3.5　空布局 165
- 8.4　Java 事件处理机制 167
  - 8.4.1　Java 事件处理概述 167
  - 8.4.2　Java 常用事件 170
  - 8.4.3　事件适配器 177
- 小结 179
- 习题 179

第 9 章　JDBC 技术 181

- 9.1　JDBC 技术简介 181
  - 9.1.1　关系型数据库基础知识 181
  - 9.1.2　JDBC 驱动程序 183
- 9.2　连接数据库 185
  - 9.2.1　连接数据库过程 185
  - 9.2.2　配置 JDBC-ODBC 数据源 187
- 9.3　查询数据库 191
  - 9.3.1　查询数据库过程 191
  - 9.3.2　查询数据库数据 193
- 9.4　操作数据库 196
- 小结 200
- 习题 200

第 10 章　实训 201

- 实训 1　开发工具和运行环境 201
- 实训 2　基本数据类型、运算符 202
- 实训 3　Java 控制结构 202
- 实训 4　方法的定义和调用 203
- 实训 5　对象的创建与使用 203
- 实训 6　类的组织——包 204
- 实训 7　类的继承 204
- 实训 8　重载和覆盖 205
- 实训 9　接口的实现 206
- 实训 10　数组及命令行参数 207
- 实训 11　String 类和 StringBuffer 类 208
- 实训 12　异常处理 208
- 实训 13　文件属性的访问 209
- 实训 14　文本文件的读写 211
- 实训 15　随机文件的读写 211
- 实训 16　图形用户界面(一) 212
- 实训 17　图形用户界面(二) 213
- 实训 18　数据库操作 215

参考文献 217

第1章 Java 语言概述

教学目标：通过本章的学习，了解 Java 语言的特点，掌握 Java 语言的运行机制，学会使用记事本完成最简单的 Java 程序设计

教学要求：

知识要点	能力要求	关联知识
Java 的发展历史	了解 Java 的发展历史及版本	Oak → Java Java SE、Java EE、Java ME
Java 的特点	掌握 Java 语言的特点	面向对象、平台无关、安全等
Java 的运行机制	(1) 掌握 Java 的运行机制 (2) 理解 JVM 的工作过程 (3) 理解 Java 跨平台的实现原理	JVM、字节码的概念 Java 的解释运行过程
Java 环境的建立	(1) 学会 JDK 的安装方法 (2) 学会环境变量的配置	环境变量的配置、Java 编译器、Java 解释器、PATH 环境变量
Java 程序的开发流程	(1) 掌握使用记事本开发 Java 程序的过程 (2) 了解 Java 程序的基本结构	Java 程序的基本框架、main( )方法

重点难点：
- Java 的运行机制
- Java 的环境变量配置
- 编写、运行 Java 程序的流程

1.1 Java 的发展历史和语言特点

1.1.1 Java 的发展历史

1991 年，Sun 公司为了进军家用电子消费市场，成立了一个代号为 Green 的项目组。其目标是开发一个分布式系统，让人们可以利用网络远程控制家用电器。鉴于家用电器制造商众多且制造标准各异，项目组希望新系统具有独立于软件平台的特征，并且安全易用。开始时项目组采用当时使用广泛的 C++语言进行系统开发，但是由于 C++语言太复杂，安全性也难以满足要求，最后不得不放弃 C++，转而研究设计出了一套新的程序设计语言。这个新的程序设计语言就是 Java 语言的前身，被命名为 Oak(橡树)。可惜的是，由于一些商业上的原因，Sun 公司在以 Oak 为程序设计语言投标"交互式电视项目"时未能中标，这使得 Oak 语言的进一步发展一度遇到很大的问题。

20 世纪 90 年代中期，WWW 的影响在 Internet 上越来越大，WWW 浏览器开始在市场上出现，这预示着计算机网络应用的浪潮即将到来。1994 年，Green 项目组成员认真分析了计算机网络应用的特点，认为 Oak 满足网络应用所要求的平台独立性、系统可靠性和安全性等，并用 Oak 设计了一个称为 WebRunner(后来称为 HotJava)的 WWW 浏览器。1995 年 5 月 23 日，Sun 公司正式发布了 Java 和 HotJava 两项产品。

Java 语言一经推出，就受到了业界的关注。Netscape 公司第一个认可 Java 语言，并于 1995 年 8 月将 Java 解释器集成到它的主打产品 Navigator 浏览器中。接着，Microsoft 公司在 Internet Explorer 浏览器中认可了 Java 语言。Java 语言开始了自己的发展历程。

2009 年 4 月，Oracle(甲骨文)公司以 74 亿美元收购 Sun 公司，从此 Sun 公司旗下的两大产品 Java 和 Solaris 归入 Oracle 门下，甲骨文 CEO 拉里·埃里森(Larry Ellison) 表示收购 Sun 之后，将继续加大对 Java 的投资，甲骨文的中间件战略将"100%基于 Java"，Java 的发展进入了新的纪元。

目前使用的 Java 版本包括 Java SE(Java Standard Edition)、Java EE(Java Enterprise Edtion)、Java ME(Java Micro Edtion)共 3 个版本，分别用于不同的领域。Java SE 用于工作站、PC，为桌面开发和低端商务应用提供了 Java 标准平台。Java EE 用于服务器，构建可扩展的企业级 Java 平台。Java ME，嵌入式 Java 消费电子平台，适用于消费性电子产品和嵌入式设备。

1.1.2 Java 的语言特点

Java 语言是简单的、面向对象的语言，它具有分布式的特点，安全性高，又可以实现多线程，更主要的是它与平台无关，解决了困扰软件界多年的软件移植问题。

1. 面向对象

面向对象(object-oriented)程序设计模式是近代软件工业的一种革新，使软件具有弹性(flexibility)、模块化(modularity)且具有重复使用性(reusability)，降低开发时间与成本。

2. 语法简单

Java 语言的语法结构类似于 C 和 C++，熟悉 C 和 C++的程序设计人员不会对它感到陌生。与 C++相比，Java 对复杂特性的省略和实用功能的增加使得开发变得简单而可靠，例如不再支持诸如运算符重载、多继承及自动强制类型转换等容易混淆且较少使用的特性；去掉了容易导致错误的指针概念；增加了内存空间的自动垃圾收集功能，既避免了内存泄漏现象的发生，又简化了程序设计。简单化的另一个方面是 Java 的系统非常小，其基本解释和类支持部分只占 40 KB，附加上基本标准库和线程支持也只需增加 175 KB。

3. 平台无关性

平台无关性是指 Java 能运行在不同的系统平台上。Java 引进了虚拟机概念，Java 虚拟机(Java Virtual Machine, JVM)建立在硬件和操作系统之上，用于实现对 Java 字节码文件的解释和执行，为不同平台提供统一的 Java 接口，这使得 Java 应用程序可以跨平台运行，非常适合网络应用。

4. 安全性

安全性是网络应用系统必须考虑的重要问题。Java 设计的目的是提供一个网络/分布式的计算环境，因此，Java 特别强调安全性。Java 程序运行之前会利用字节确认器进行代码的安全检查，确保程序不会存在非法访问本地资源、文件系统的可能，保证程序在网络间传送运行的安全性。

5. 分布式应用

Java 为程序开发提供了 java.net 包，该包提供了一组类，使程序开发者可以轻易实现基于 TCP/IP 的分布式应用系统。此外，Java 还提供了专门针对互联网应用的一整套类库，供开发人员进行网络程序设计。

6. 多线程

Java 语言内置了多线程控制，可使用户程序并行执行。利用 Java 的多线程编程接口，开发人员可以方便地写出多线程的应用程序。Java 语言提供的同步机制可保证各线程对共享数据的正确操作。在硬件条件允许的情况下，可以将这些线程直接分布到各个 CPU 上，充分发挥硬件性能，提高程序执行效率。

1.1.3 Java 运行机制

Java 程序的运行必须经过编写、编译、运行 3 个步骤。编写是指在 Java 开发环境中进行程序代码的输入，最终形成后缀名为.java 的 Java 源文件。编译是指使用 Java 编译器对源文件进行错误排查的过程，编译后将生成后缀名为.class 的字节码文件，这不像 C 语言那样最终生成可执行文件。运行是指使用 Java 解释器将字节码文件翻译成机器代码，执行并显示结果，这一过程如图 1.1(a)所示，其解释器的工作过程如图 1.1(b)所示。

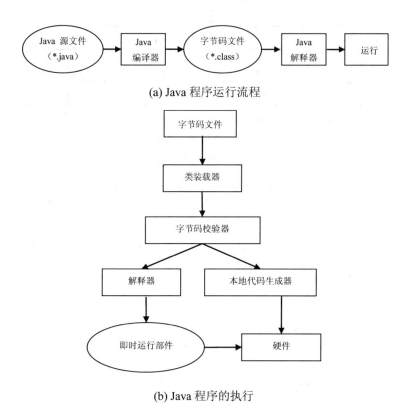

(a) Java 程序运行流程

(b) Java 程序的执行

图 1.1　Java 程序的执行

字节码文件是一种和任何具体机器环境及操作系统环境无关的中间代码，它是一种二进制文件，是 Java 源文件由 Java 编译器编译后生成的目标代码文件。编程人员和计算机都无法直接读懂字节码文件，它必须由专用的 Java 解释器来解释执行，因此 Java 是一种在编译的基础上进行解释运行的语言。

Java 解释器负责将字节码文件翻译成具体硬件环境和操作系统平台下的机器代码，以便执行。因此 Java 程序不能直接运行在现有的操作系统平台上，它必须运行在被称为 Java 虚拟机的软件平台之上。

Java 虚拟机是运行 Java 程序的软件环境，Java 解释器就是 Java 虚拟机的一部分。在运行 Java 程序时，首先会启动 JVM，然后由它来负责解释执行 Java 的字节码，并且 Java 字节码只能运行在 JVM 之上，这样利用 JVM 就可以把 Java 字节码程序和具体的硬件平台以及操作系统环境分隔开来，只要在不同的计算机上安装了针对于特定平台的 JVM，Java 程序就可以运行，而不用考虑当前的硬件平台及操作系统环境，也不用考虑字节码文件是在何种平台上生成的。JVM 把这种不同软硬件平台的具体差别隐藏起来，从而实现了真正的二进制代码级的跨平台移植。JVM 是 Java 平台无关的基础，Java 的跨平台特性正是通过在 JVM 中运行 Java 程序实现的。Java 的这种运行机制可以通过图 1.2 说明。

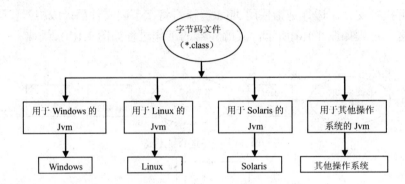

图 1.2 Java 运行机制

Java 语言这种"一次编写，到处运行(write once，run anywhere)"的方式，有效地解决了目前大多数高级程序设计语言需要针对不同系统来编译产生不同机器代码的问题，即硬件环境和操作平台的异构问题，大大降低了程序开发、维护和管理的开销。

需要注意的是，Java 程序通过 JVM 可以实现跨平台，但 JVM 不是跨平台的。也就是说，不同操作系统之上的 JVM 是不同的，Windows 平台之上的 JVM 不能用在 Linux 上，反之亦然。

1.2 Java 的运行环境

1. Java 开发工具 Java SDK

Java 不仅提供了一个丰富的语言和运行环境，而且还提供了一个免费的 Java 软件开发工具集(Java Development Kits，JDK)。JDK 包括 Java 的编译器、解释器、调试器等开发工具以及 Java API 类库。编程人员和最终用户可以利用这些工具来开发 Java 程序。其调试工具主要包括 Java 语言编译器 javac，用于编译 Java 源程序；Java 字节码解释器 java，用于解释运行 Java 程序，显示程序运行结果；小应用程序浏览工具 appletviewer，用于测试并运行 Java 小程序。到目前为止，Sun 公司先后发布了多个主要的 JDK 版本。其最新稳定版本为 JDK 6.0，而 JDK 7.0 Preview 即测试版也已发布，读者可自行去 Java 官方网站下载，本书采用 JDK 6.0 作为开发工具。

2. 安装和设置环境变量

为了搭建起 Java 的运行环境，可以到 Oracle 公司的网站(http://www.oracle.com/technetwork/java/javase/downloads/index.html)下载最新的 JDK。建议同时下载其 Java Documentation，这是 Java 帮助文档。

JDK 6.0 版最新下载文件名为 jdk-6u24-windows-i586.exe，默认安装在 C:\Program Files\Java\jdk1.6.0_24\目录下，安装过程主要遵循提示单击【下一步】按钮即可完成。接下来需要设置运行环境参数，以便能够在 Windows 的任何目录下都能编译和运行 Java 程序，其方法是右击【我的电脑】图标，在弹出的快捷菜单中依次选择【属性】|【高级】|【环境变量】，打开【环境变量】对话框，单击【系统变量】列表框下方的【新建】按钮，新建环境变量 classpath，其变量值为 ".;C:\Program Files\Java\jdk1.6.0_24\ \lib"；选择 Path 变量，单击【编辑】按钮，在 Path 变量的变量值后面加上 ";C:\Program Files\Java\jdk1.6.0_24\bin"。

3. Java 的编辑、编译和运行

Java 源程序是一种文本文件，可以使用任何的文本编辑器编写，只是要注意存储时的文件后缀名必须是.java。建议把所有源程序文件都保存在一个指定的目录下，便于调试和运行。

这里向初学者推荐两种编辑器：一是 Windows 的记事本，二是文本编辑工具 UltraEdit 和 EditPlus。使用 Windows 记事本编辑 Java 源程序文件，存储时先选择*.*(所有文件)的文件类型，然后输入带有.java 后缀的文件名；或者直接以带英文双引号的形式"XXXX.java"输入文件名。UltraEdit 和 EditPlus 是两个非常易用且功能强大的文本编辑工具。编辑时，它们自动地把关键字、常量、变量等不同元素用不同的颜色区分开来，从而有助于减少语法错误。还可以选择其他的 Java 开发工具，如 JCreator、JBuilder、Eclipse、NetBeans 等。

Java 源程序必须先由 Java 编译器进行编译，生成字节码文件(也称为类文件)，然后在 Java 解释器的支持下解释运行。

Java 编译器是 javac.exe，其用法如下：

```
javac filename.java
```

其中 *filename*.java 是 Java 源程序文件的文件名。如果编译器没有返回任何错误信息，则表示编译成功，并在同一目录下生成与类名相同的字节码文件 *filename*.class。如果编译出错，则需查找错误原因，进一步修改源程序，并重新编译。

Java 解释器是程序 java.exe，其用法如下：

```
java filename
```

其中 *filename* 是编译生成的 Java 字节码文件的文件名，注意不要带后缀名.class。

1.3 最简单的 Java 程序

1.3.1 Hello World 程序的开发流程

本节将介绍 Java 应用程序的一个简单示例，以此来说明 Java 应用程序的开发流程和程序的基本结构。

【例 1.1】 编写一个应用程序，在屏幕上显示字符串"Hello, World!"。

第一步，编写源程序。使用记事本编写程序的源代码，代码的内容如图 1.3 所示。将源代码保存为文件 HelloWorld.java，并存放在一个指定的目录例如 C:\test 中。注意：输入文件名时必须区分大小写。

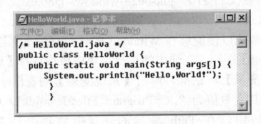

图 1.3 HelloWorld 程序

第二步，编译源程序。选择【开始】|【运行】命令，在打开的对话框中输入"cmd"并按回车键，打开一个 MS-DOS 命令提示符窗口；将当前目录转换到 Java 源程序所在的目录 C:\test；输入"javac *filename*.java"形式的命令进行程序编译。在本例中应输入"javac HelloWorld.java"。如果编译正确，编译结果应如图 1.4 所示。

第三步，执行程序。在同样的命令提示符窗口中输入"java *filename*"形式的命令，在本例中应输入"java HelloWorld"，运行结果如图 1.5 所示。

   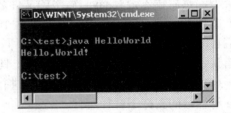

图 1.4 HelloWorld 程序编译结果　　　图 1.5 HelloWorld 程序运行结果

至此就完成了这个简单程序的开发。查看 C:\test 目录，其中应该有两个文件，分别是 HelloWorld.java 和 HelloWorld.class。

1.3.2 程序分析

由 HelloWorld 程序可知，Java 应用程序的基本框架如下：

```
public class 类名{
    public static void main ( String args [ ] ){
```

```
        ……//程序代码
    }
    //其他属性和方法
}
```

在下面的分析中，为了说明方便，特地为 HelloWorld 程序的源代码行加上了编号：

```
1   /* HelloWorld.java */
2   public class HelloWorld {
3       public static void main(String args[]) {
4           System.out.println("Hello, World!");
5       }
6   }
```

第 1 行是注释行。Java 语言主要有 3 种注释：形如 "/* 注释内容 */" 的格式，可以注释一行或多行文本；形如 "// 注释内容" 的格式，可以注释一行文本；形如 "/** 注释内容 */" 的格式，可以注释一行或多行文本，并可用于生成专门的 Javadoc。注释可以放在一行的开头或某个语句之后，为程序增加必要的解释，提高程序的可读性。

第 2 行是类的定义。使用关键字 class 定义了一个 HelloWorld 类，class 前面的 public 关键字表示这个类的访问特性是公共的。

Java 语言中的基本程序单位是类，在一个程序文件中可以定义多个类，但仅允许有一个公共的类。源程序的文件名要与公共类的名称相同(包括大小写)，其扩展名为.java。因此，HelloWolrd 程序的源程序文件名必须是 HelloWorld.java。

第 2 行最后到第 6 行的一对花括号内部是类体。在类体中可以声明类的变量(属性)和类的方法(函数)，它们是类的成员。本例中没有声明类的成员变量。

第 3 行是类的成员方法的声明，这是一个主方法 main( )。Java 应用程序必须含有一个主方法。public 关键字表示这个方法是公共的，可以从其他类中访问；static 关键字表示这个方法是静态的，指出这个方法是针对这个类而不是针对类生成的对象；void 关键字表示这个方法没有返回值。

一个类可以声明多种方法，但最多只能有一个主方法 main( )。应用程序从 main( )方法获得入口点开始运行，并通过主方法调用类中的其他方法。

Main( )方法后的小括号中是方法的参数列表，它们是方法内的局部变量，接收从外部向 main( )方法中传递的参数。通常将其写成 String args[]，表明所接收的参数是一个名为 args 的字符串数组。

第 3 行最后到第 5 行的一对花括号内部是方法体。在方法体内部，可以声明方法的局部变量及书写执行语句，实现数据处理功能。

第 4 行是 main( )方法中唯一的一条语句，其作用是在标准输出设备(屏幕)上输出一行字符 "Hello, World!"。这是一个字符串，必须用引号括起来。最后的分号是必需的，表明这是一条 Java 语句。

为了实现屏幕输出，这里使用了系统包 java.lang 中的 System 类，该类中有静态成员变量 out。out 是一个标准输出流，主要用于输出用户信息，通过 out 调用标准输出流类中的 println 方法。println 方法用于将作为参数的字符串输出到屏幕上并换行。与此相似的方法是 print，不同之处是 print 输出内容后不换行。

Java 语言系统以包的形式提供了许多的标准类库，这些类库是编制 Java 程序的基础。调用类库中的方法之前，先要使用 import 语句导入相应的类库(包)，而系统包 java.lang 是 Java 最基本的类库，由系统自动导入，因此，HelloWorld 程序没有使用 import 语句。

小　结

> Java 语言是当今流行的网络编程语言，特别适合于开发网络应用程序，具有面向对象、简单、平台无关、多线程等优秀特性。
> 　　Java 应用程序的开发必须经过编写、编译、运行 3 个步骤。使用记事本等文本编辑工具进行程序代码的编写，使用 Java 开发工具集 JDK 提供的编译器进行编译，最后使用 Java 解释器解释运行。Java 虚拟机 JVM 使 Java 应用程序实现了跨平台运行。
> 　　本章介绍的 HelloWorld 程序可以作为初学者编写简单应用程序的入门模板。

习　题

1. Java 语言有哪些特点？
2. 简述 Java 的运行机制。
3. 简述 Java 应用程序的开发过程。
4. 在计算机上安装、配置 Java 运行环境，并编辑运行本章中的例题。

第 2 章 Java 语言基础

教学目标：通过本章学习，掌握 Java 语言的基本数据类型、操作符、表达式的使用方法；掌握 Java 程序的流程控制方式，重点是分支结构和循环结构。

教学要求：

知识要点	能力要求	关联知识
基本数据类型	(1) 掌握 Java 基本数据类型的用法 (2) 学会数据类型的转换	常量、变量、标识符、显式类型转换、隐式类型转换
运算符	掌握常用运算符的用法	算术运算符、关系运算符、逻辑运算符

Java 控制结构	(1) 掌握 if、swith 分支语句的用法
	(2) 掌握 for、while、do-while 循环语句的用法
	(3) 掌握 break、continue 跳转语句的用法
		if(){}else{}
		swith(){case:break;default:;}
		for(int i=初值;i<=终值;步长){}
		while(){}

重点难点：
- if 语句的使用方法
- for 循环语句的使用方法
- while 循环语句的使用方法

2.1　Java 的基本数据类型

在不同的计算机程序设计语言中，数据类型的定义和处理方法各不相同，但却是必不可少的部分。数据类型用于表示数据的格式和结构。在 Java 语言中，主要有两种类型的数据：基本类型和引用类型(复合类型)。相应地，也就有了两种类型的变量。对于常量和变量的概念，可以这样来理解：计算机在处理数据时，必须将其装入内存，按照不同的数据类型分配不同的存储空间，借助于对内存单元的命名来访问这些数据。被命名的内存单元就是常量和变量。本章首先介绍 Java 的基本类型。

2.1.1　标识符

符号是构成语言和程序的基本单位。Java 语言不采用计算机语言系统通常所采用的 ASCII 代码集，而是采用更为国际化的 Unicode 字符集。在这种字符集中，每个字符用 2 个字节即 16 位表示。这样，整个字符集中共包含 65535 个字符。其中，前面 256 个字符表示 ASCII 码，使 Java 对 ASCII 码具有兼容性；后面 21000 个字符用来表示汉字等非拉丁字符。Java 符号按词法可分为如下 5 类：

(1) 标识符(identifier):它唯一地标识计算机中运行或存在的任何一个成分的名称。不过,通常所说的标识符是指用户自定义标识符,即用户为自己程序中的各种成分所定义的名称。

(2) 关键字(keyword):关键字也称为保留字,是 Java 系统本身已经使用且被赋予特定意义的一些标识符。Java 语言的关键字见表 2-1,其中加*标记的是 Java 保留但当前还未使用的。

表 2-1 Java 关键字

abstract	continue	for	new	switch
boolean	default	goto*	null	synchronized
break	do	If	package	this
byte	double	implements	private	threadsafe
byvalve *	else	import	protected	throw
case	extends	instanceof	public	transient
catch	false	int	return	true
char	final	interface	short	try
class	finally	long	static	void
const *	float	native	super	while

(3) 运算符(operand):表示各种运算的符号,它与运算数一起组成运算式,用于完成计算任务,如表示算术运算的运算符+、-、*、/ 等。

(4) 分隔符(separator):在程序中起分隔作用的符号,如空格、逗号等。

(5) 常量(literal):这里主要指标识符常量。为了使用方便和统一,Java 系统为一些常用的量赋予了特定的名称,这种用一个特定名称标记的常量便称为标识符常量。例如,用 Integer.MAX_VALUE 代表最大整数 2147483647。用户也可以将自己程序中某些常用的量用标识符定义为标识符常量。

2.1.2 基本数据类型

基本数据类型是 Java 语言中预定义的、长度固定的、不能再分的类型,数据类型的名字被当做关键字保留。

与其他大多数的程序设计语言所不同的是,由于 Java 程序跨平台运行,所以 Java 的数据类型不依赖于具体的计算机系统。Java 的基本数据类型见表 2-2。

表 2-2 Java 的基本数据类型

类型	描述	初始值
byte	8 位有符号整数,其取值范围为-128~127	(byte)0
short	16 位有符号整数,其取值范围为-32768~32767	(short)0
int	32 位有符号整数,其取值范围为-2147483648~2147483647	0
long	64 位有符号整数,其取值范围为$-2^{64} \sim 2^{64}-1$	0L
float	32 位单精度浮点数	0.0F
double	64 位双精度浮点数	0.0
boolean	布尔数,只有两个值:true、false	false
char	16 位字符	\u0000

注:Java 字符采用 Unicode 编码。

2.1.3 常量

常量是在程序运行过程中不变的量,是一个简单值的标识符或名字。它们直接在 Java 代码中指定。Java 支持 3 种类型的常量:数值常量、布尔常量、字符常量。

1. 数值常量

数值常量包括整型常量、实数常量两种。

1) 整型常量

整型常量是最常用的常量,包括 byte、short、int、long 共 4 种类型,它们都可以采用十进制、八进制和十六进制表示,其中 byte、short 和 int 的表示方法相同,而长整型必须在数的后面加上字母 L(或 l),以表示该数是长整型。

十进制整数:十进制整数以 10 为基准,由一个或多个从 0 到 9 的数字组成,如 347、987L 等,但它的第一个数字不能是 0。十进制整数表示正的整型值,人们在程序中书写的类似于"-123"的"常量",其实是用单目运算符"-"加上十进制整型常量表示的,也就是说这里的"-123"并不是一个常量而是一个由运算符和常量组成的表达式。正因为如此,int 型的最大负数(-2^{31})不能在 Java 中表述为十进制常量,只能通过十六进制等形式表示,这是因为 2^{31} 超出十进制整型变量的最大值($2^{31}-1$)。

十六进制:十六进制常量可表示正数、零或负数,它们由以 0x 或 0X 开头的一个或多个十六进制数组成。十六进制数字的 10~15 用字母 A~F(或 a~f)表示,如 0xA873、0X983e5c、0x98L。

八进制:八进制常量也可以表示正数、零和负数。它们由以 0 开头的一个或多个八进制数组成,如 0246、0876L。

2) 实数常量

实数常量分为双精度(double)和单精度(float)两种类型。双精度在内存中占 8 个字节,数值精度较高,数字后面可加 D(或 d),也可省略。系统默认的实数类型为双精度类型。单精度浮点数占 4 个字节的内存,数值精度相对于双精度较低,浮点数后必须跟 F(或 f)。实数只能采用十进制表示,有小数和指数两种形式。当一个实数很大或很小时,可以使用指数形式,其指数部分用字母 E(或 e)表示,如 0.4e2、-1.3E2f。

2. 布尔常量

Java 中的布尔常量属于 boolean 类型,它的值只能有"true"或"false"两种。与 C/C++ 中的逻辑值不同的是,它不能代表整数,同时它也不是字符串,不能被转换成整数或者字符串常量。

3. 字符常量

字符常量是由单引号括起的单个字符,如 'a'、'6'、'M'、'&'、'我'。字符常量是无符号常量,占 2 个字节的内存,每个字符常量表示 Unicode 字符集中的一个字符。Java 语言使用 16 位的 Unicode 字符集,它不仅包括标准的 ASCII 字符集,还包括许多其他的系统通用字符集。

Java 使用转义符表示一些有着特殊意义的字符(如回车符等)，见表 2-3，这些转义符也可以作为字符常量，如'\n'、'\t'。

表 2-3 Java 转义符

转义符	Unicode 转义代码	含义
\n	\u000a	回车
\t	\u0009	水平制表符
\b	\u0008	空格
\r	\u000d	换行
\f	\u000c	换页
\'	\u0027	单引号
\"	\u0022	双引号
\\	\u005c	反斜杠
\ddd		ddd 为 3 位八进制数，值从 000 至 0377
\udddd		dddd 为 4 位十六进制数

除了字符常量之外，由字符组成的常量还有一种字符串常量。字符串常量由包括在双引号中的 0 个或多个字符组成，并且也可以使用转义符。

2.1.4 变量

变量为人们提供了一种访问内存中数据的方法，是 Java 程序中数据的基本存储单元。

1. 变量命名

变量必须先定义后使用。变量的定义需要指出变量的类型、名称，还可以为其赋初值(即初始化)，一般格式为：

类型 变量名 [= 初始值];

例如：

```
double di = 0.34;
char myChar = 'b';
String myName = "Tom";
```

可以在一个语句中声明多个变量，每个变量都具有相同的类型，各变量名之间用逗号分开。例如：

```
int length, width;
```

为 Java 中变量的命名时需要注意以下问题。

(1) 变量的名称必须是一个合法的标识符。一个标识符是以字母或下划线或$符号开头的一串 Unicode 字符，中间不能包含空格。

(2) 变量的名称不能是关键字、布尔型字符(true 或者 false)或者保留字 null。

(3) Java 对变量名区分大小写，如 myName 和 MYNAME 是两个不同的变量。

合法的变量名如 myName、value_1、dollar$等，非法的变量名如 2mail、room#、class(保

留字)等。变量名最好有一定的含义,以增强程序的可读性。

2. 变量的作用域

每个变量都有一个相应的作用范围,也就是它可以被使用的范围,这个作用范围称为变量的作用域。变量在其作用域内可以通过它的变量名引用,并且作用域也决定了系统什么时候创建变量、什么时候清除它。

声明一个变量时,就指明了变量的作用域。从声明变量的位置来看,主要有成员函数作用域、局部变量作用域、方法参数作用域和异常处理参数作用域,如图2.1所示。

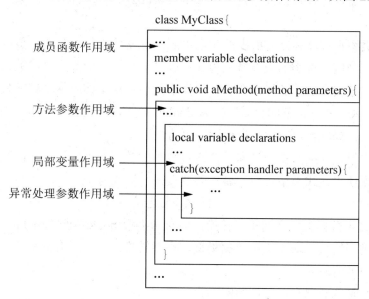

图 2.1 变量的作用域

【例 2.1】 结合基本数据类型,说明如何使用变量。

```
public class SimpleTypes{
    public static void main(String args[]){
        byte b =0x55;
        short s =0x55ff;
        int i =1000000;
        long l =0xfffL;
        char c ='c';
        float f =0.23F;
        double d =0.7E-3;
        boolean bool =true;
        System.out.println("b="+b);
        System.out.println("s="+s);
        System.out.println("i="+i);
        System.out.println("l="+l);
        System.out.println("c="+c);
```

```
            System.out.println("f="+f);
            System.out.println("d="+d);
            System.out.println("bool="+bool);
    }
}
```

2.1.5 数据类型转换

数据类型转换是指将一种类型的数据转变为另一种类型的数据。当表达式中的数据类型不一致时，就需要进行数据类型转换。类型转换的方法有两种：隐式类型转换和显式类型转换。

每种数据类型在程序运行时所占的空间不同，这就使得每种数据类型所容纳的信息量不同，当一个容纳信息量小的类型转换为一个容纳信息量大的类型时，数据本身的信息不会丢失，所以它是安全的，编译器会自动地完成类型转换工作，这种转换称为隐式数据类型转换。例如，将一个 int 型的数据转换为 double 型时，不用特别声明。当然，仍然可以显式地标记出来，提醒自己留意，也使程序更清楚。

当把一个容量较大的数据类型向一个容量较小的数据类型转换时，面临着信息丢失的危险，此时必须使用显式类型转换。显式类型转换的形式为：

(类型)表达式

Java 允许基本数据类型之间相互转换，但布尔类型(boolean)除外，Java 不允许对布尔类型进行数据类型转换。对于引用数据类型，类型转换只存在于有继承关系的类中，这将在后面的内容中说明。

下面是一个基本数据类型转换的例子。

```
void casts( ) {
    int i = 200;
    long j = 8L;
    long l = i;         // 隐式数据转换
    i = (int)j;         // 显式数据转换
}
```

2.2 运 算 符

运算符，也称为操作符，用于对数据进行计算和处理，或改变特定对象的值。运算符按照操作数的数目来分类，可以分为一元运算符(如++、--)、二元运算符(如+、>)和三元运算符(如 ?:)。按照运算符对数据的操作结果分类，可以分为算术运算符、关系运算符、逻辑运算符、位运算符。

2.2.1 算术运算符

算术运算符用于实现数学运算。Java 定义的算术运算符见表 2-4。

表 2-4 Java 的算术运算符

算术运算符	名称	实例
+	加	a+b
-	减	a-b
*	乘	a*b
/	除	a/b
%	取模运算(给出运算的余数)	a%b
++	递增	a++
--	递减	b--

算术运算符的操作数必须是数值类型。Java 中的算术运算符与 C/C++中的不同，不能用在布尔类型上，但仍然可以用在 char 类型上，因为 Java 中的 char 类型实质上是 int 类型的一个子集。

【例 2.2】 算术运算符的使用示例。

```java
public class ArithmaticOp{
    public static void main(String args[]){
        int a = 5+4;        //a=9
        int b = a*2;        //b=18
        int c = b/4;        //c=4
        int d = b-c;        //d=14
        int e = -d;         //e=-14
        int f = e % 4;      //f=-2
        double g = 18.4;
        double h = g % 4;   //h=2.4
        int i = 3;
        int j = i++;        //i=4, j=3
        int k = ++i;        //i=5, k=5
        System.out.println("a=" + a);
        System.out.println("b=" + b);
        System.out.println("c=" + c);
        System.out.println("d=" + d);
        System.out.println("e=" + e);
        System.out.println("f=" + f);
        System.out.println("g=" + g);
        System.out.println("h=" + h);
        System.out.println("i=" + i);
        System.out.println("j=" + j);
        System.out.println("k=" + k);
    }
}
```

Java 采用一种简写形式的运算符在进行算术运算的同时进行赋值操作，这种运算符称为算术赋值运算符(也称为复合的赋值运算符)。算术赋值运算符由一个算术运算符和一个赋值号构成，即：

+=、-=、*=、/=、%=。

例如，为了将 4 加到变量 x，并将结果赋给 x，可用 x+=4，它等价于 x=x+4。又如：

x+=2-y 等价于 x=x+(2-y)

x*=2-y 等价于 x=x*(2-y)

注意算术赋值运算符的左边是变量，右边是表达式。

Java 提供了两种快捷运算，即递增运算符"++"和递减运算符"--"，通常也称为自动递增运算符和自动递减运算符。"--"的含义是"减少一个单位"；"++"的含义是"增加一个单位"。例如，假设 A 是一个 int(整数)值，则表达式++A 就等价于 A = A + 1。注意，++、--运算符是一元运算符，其操作数必须是整型或实型变量，它们对操作数执行加 1 或减 1 操作。

对"++"运算符和"--"运算符而言，都有两个版本可供选用，通常将其称为"前缀版"和"后缀版"。"前递增"表示"++"运算符位于变量的前面；"后递增"表示"++"运算符位于变量的后面。类似地，"前递减"意味着"--"运算符位于变量的前面；"后递减"意味着"--"运算符位于变量的后面。对于前递增和前递减(如++A 或--A)，会先执行运算，再生成值；而对于后递增和后递减(如 A++或 A--)，则先生成值，再执行运算。

【例 2.3】 递增运算符和递减运算符的使用示例。

```java
public class AutoInc {
  public static void main(String[] args) {
    int i = 1;
    System.out.println ("i:" + i);
    System.out.println ("++i:"+ ++i);      // 前递增运算符
    System.out.println ("i++:"+ i++);      // 后递增运算符
    System.out.println ("i:"+ i);
    System.out.println ("--i:"+ --i);      // 前递减运算符
    System.out.println ("i--:"+ i--);      // 后递减运算符
    System.out.println ("i:"+i);
  }
}
```

程序运行结果：

```
i:1
++i:2
i++:2
i:3
--i:2
i--:2
i:1
```

从程序的执行结果中可以看出，对于前缀形式，在执行完运算后才得到值；但对于后缀形式，则是在运算执行之前就得到值。

2.2.2 关系运算符

运算符用于测试两个操作数之间的关系，形成关系表达式。关系表达式将返回一个布尔值。它们多用在控制结构的判断条件中。Java 定义的关系运算符见表 2-5。

表 2-5 Java 的关系运算符

关系运算符	名称	实例
==	等于	a == b
!=	不等于	a != b
>	大于	a > b
<	小于	a < b
>=	大于等于	a >= b
<=	小于等于	a <= b

【例 2.4】 关系运算符的使用示例。

```
public class RelationalOp{
  public static void main(String args[]){
    float a =10.0f;
    double b = 10.0;
    if(a == b){
        System.out.println("a 和 b 相等");
    }
    else{
        System.out.println("a 和 b 不相等");
    }
  }
}
```

注意：对浮点数值的比较是非常严格的。即使一个数值仅在小数部分与另一个数值存在极微小的差异，仍然认为它们是"不相等"的；即使一个数值只比零大一点点它仍然属于"非零"值。因此，通常不在两个浮点数值之间直接进行"相等"的比较。

2.2.3 逻辑运算符

逻辑运算符(&&、||、!)用来进行逻辑运算。

若两个操作数都是 true，则进行逻辑与运算(&&)操作输出 true；否则输出 false。若两个操作数至少有一个是 true，则进行逻辑或运算(||)操作输出 true，只有在两个操作数均是 false 的情况下，它才会生成一个 false。逻辑非运算符(!)属于一元运算符，它只对一个自变量进行操作，生成与操作数相反的值：若输入 true，则输出 false；若输入 false，则输出 true。详细信息见表 2-6 和表 2-7。

表 2-6 Java 的逻辑运算符

逻辑运算符	名称	实例
&&	与(可短路)	a && b
||	或(可短路)	a || b
!	非	!a

表 2-7 Java 的逻辑运算结果

A	B	A&&B	A||B	!A
true	False	false	true	false
false	True	false	true	true
false	False	false	false	true
true	true	true	true	false

【例 2.5】 关系和逻辑运算符使用示例。

```java
import java.util.*;
public class Bool {
    public static void main(String[] args) {
        Random rand = new Random();
        int i = rand.nextInt() % 100;
        int j = rand.nextInt() % 100;
        System.out.println ("i = " + i);
        System.out.println ("j = " + j);
        System.out.println ("i > j is " + (i > j));
        System.out.println ("i < j is " + (i < j));
        System.out.println ("i >= j is " + (i >= j));
        System.out.println ("i <= j is " + (i <= j));
        System.out.println ("i == j is " + (i == j));
        System.out.println ("i != j is " + (i != j));
        System.out.println ("(i < 10) && (j < 10) is " + ((i < 10) && (j < 10)));
        System.out.println ("(i < 10) || (j < 10) is " + ((i < 10) || (j < 10)));
    }
}
```

只可将&&、|| 和！应用于布尔值。与在 C 及 C++中不同，不可将一个非布尔值当做布尔值在逻辑表达式中使用。

还要说明的一个问题是"短路"，它是 Java 进行逻辑运算时所独有的一个特性。

在进行逻辑运算时，只要能明确得出整个表达式为真或为假的结论，就能对整个表达式进行逻辑求值。因此，求解一个逻辑表达式时就有可能不必对其所有部分进行求值。例如，一个逻辑表达式是：

<条件 1> && <条件 2> && <条件 3>

在求解过程中，当判断出<条件 1>为假时，则整个表达式的值必定为假，不需要再测试<条件 2> 和<条件 3>。事实上，这正是"短路"一词的由来。

由下面的例子可以更清楚地看到"短路"的效果，并能够了解它对程序潜在性能的提升，这种提升效果有时是相当可观的。

【例 2.6】 逻辑运算符的短路测试。

```java
public class ShortCircuit{
    public static void main(String [] args){
        int i=3,j=2,k=4;
        System.out.println (i>j || ++i>=4);
```

```
            System.out.println ("i="+i);
            System.out.println (i<j || ++i>=4);
            System.out.println ("i="+i);
    }
}
```

程序运行结果如图 2.2 所示。

图 2.2　ShortCircuit 程序运行结果

由图 2.2 可以看到，在第一条输出语句中，由于 i>j 成立，因此"||"的运算结果肯定为 true，发生"短路"，后面的++i>=4 不会被执行，导致第二条输出语句中 i 的值仍然为 3。但在第三条输出语句中，i<j 为 false，"||"的运算结果不能确定，++i>=4 仍会被执行，i 会递增为 4，因此在最后一条输出语句中 i 的值输出为 4。

2.2.4　位运算符

Java 语言中的位运算总体来说分为两类：按位运算和移位运算，相应地也就提供了两类运算符：按位运算符和移位运算符。这些运算符只用于整型和字符型数据的运算中。

1. 按位运算符

按位运算符允许用户操作两个整型数据中的单个"比特"，即二进制位。按位运算符会对两个自变量中对应的位执行布尔运算，并最终生成一个结果。Java 中有 4 种按位操作符，它们是按位与(&)、按位或(|)、按位非(~)和按位异或(^)，用于对二进制数据进行按位操作，这些按位操作符与 C 语言中的完全一样，见表 2-8。

表 2-8　Java 的按位运算符

按位运算符	名称	实例
&	按位与	a & b
|	按位或	a | b
^	按位异或	a ^ b
~	按位非	~a

若两个输入位都是 1，则按位与运算符(&)在输出位上生成 1，否则生成 0。若两个输入位中至少有一个是 1，则按位或运算符(|)在输出位上生成 1，只有在两个输入位都是 0 的情况下，它才会生成 0。按位异或(^)的含义是判断两个输入位的值是否为"异"，若为"异" (值不同)就在输出位上生成 1，否则生成 0。按位非(~)属于一元运算符，它只对一个自变量进行操作(其他所有运算符都是二元运算符)，按位非生成的是与输入位相反的值——若输入 0，则输出 1；若输入 1，则输出 0。

2. 移位运算符

移位运算符面向的运算对象也是二进制的"位",用来处理整型数据。左移位运算符(<<)能将运算符左边的运算对象向左移动运算符右侧指定的位数(在低位补 0)。有符号右移位运算符(>>)则将运算符左边的运算对象向右移动运算符右侧指定的位数。有符号右移位运算符使用了"符号扩展":若值为正,则在高位插入 0;若值为负,则在高位插入 1。Java 也添加了一种无符号右移位运算符(>>>),它使用了"零扩展":无论正负,都在高位插入 0,这一运算符是 C 或 C++所没有的。

【例 2.7】 移位运算符示例。

```java
public class URShift {
    public static void main(String[] args) {
        int i = -1;
        i >>>= 10;
        System.out.println(i);
        long l = -1;
        l >>>= 10;
        System.out.println(l);
        short s = -1;
        s >>>= 10;
        System.out.println(s);
        byte b = -1;
        b >>>= 10;
        System.out.println(b);
    }
}
```

2.2.5 其他运算符

1. 赋值运算符

赋值运算符(=)的作用是"取得右边的值,把它复制到左边"。右边的值可以是任何常数、变量或者表达式,只要能产生一个值就行。但左边必须是一个明确的、已命名的变量。也就是说,它必须提供一个物理性的空间来保存右边的值。例如,可以将一个常数赋给一个变量:A=4,但不能将任何变量赋给一个常数,例如 4=A 是错误的语句。

2. 三元运算符

三元运算符(? :)也称为条件运算符,构成的表达式采取下述形式:

    布尔表达式 ? 表达式 1:表达式 2;

若"布尔表达式"的结果为 true,就计算"表达式 1",并且它的结果就是最终由运算符产生的值。若"布尔表达式"的结果为 false,则计算"表达式 2",并且它的结果就是最终由运算符产生的值。例如:

```java
static int ternary(int i) {
    return i < 10 ? i * 100 : i * 10;
}
```

三元运算符可以用来替代 if-else 结构,但它确实属于运算符的一种,因为它最终会生成一个值,这与本章后一节要讲述的普通 if-else 语句是不同的。

2.2.6 运算符的优先级

在一个表达式中往往存在多个运算符,此时表达式的每一部分都会按预先确定的顺序进行计算求解,称这个顺序为运算符的优先级。优先级较高的运算符首先执行,然后是优先级较低的运算符。具体的顺序见表 2-9。

表 2-9 Java 运算符的优先级

优先级	运算符	名称	需要注意的结合性
1	() [] .	括号,中括号,点	
2	! +(正号) -(负号) ~ ++ --	一元运算符	从右到左
3	* / %	乘,除,取模	
4	+ -	加,减	
5	<< >> >>>	移位运算符	
6	< <= > >= instanceof	关系运算符	
7	== !=	等于,不等于	
8	&	按位与	
9	^	按位异或	
10	|	按位或	
11	&&	逻辑与	
12	||	逻辑或	
13	?:	条件运算符	从右到左
14	=(包括各种与"="组合的运算符,例如:+=)	赋值运算符,复合赋值运算符	从右到左

注:(1)优先级 1 级最高,14 级最低。(2)没有注明结合性的,表示从左到右结合。

运算符的结合性是指运算符与操作数结合的顺序,用于决定是从左到右计算(左结合性)还是从右到左计算(右结合性)。左结合性很好理解,因为大部分的运算符都是从左到右来计算的。需要注意的是右结合性的运算符,主要有 3 类:一元运算符(如++、! 等)、三元运算符(?:)和赋值运算符(如=、+=等)。从右到左结合的运算符最典型的就是负号,例如 3+-4,意义为 3 加-4,负号首先和运算符右侧的内容结合。

一般不需要去特别记忆运算符的优先级别,也不要刻意地使用运算符的优先级别,对于不清楚优先级或忘记优先级规则的地方,可以使用小括号明确规定运算的优先次序。例如,对于整型变量 m 的表达式 m << 1+2 写成 m <<(1+2) 更直观、方便,也利于代码的阅读和维护。

2.3 Java 的控制结构

控制结构的作用是控制程序中语句的执行顺序,它是结构化程序设计的关键。

2.3.1 if 结构

if 结构是由 if 语句或 if-else 语句构成的分支结构。

if 结构存在 3 种形式,每种形式都需要使用布尔表达式。在大数情况下,一个 if 语句往往涉及多行代码,这时就需要用一对花括号将它们括起来,建议即使只有一条语句也这样做,因为这会使程序更容易阅读。

形式一：

```
if (条件表达式){
        语句
}
```

形式二：

```
if (条件表达式){
        语句1
}else {
        语句2
}
```

形式三：

```
if (条件表达式1){
        语句1
}else if (条件表达式2){
        语句2
}else {
        语句3
}
```

第一种形式可以称为 if 语句。if 语句的执行取决于表达式的值，如果表达式的值为 true 则执行这段代码，否则就跳过。例如：

```
if (x < 10){
        System.out.println("x 的值小于 10,这段代码被执行");
}
```

第二种形式可以称为 if-else 语句。这种形式使用 else 把程序分成了两个不同的方向，如果表达式的值为 true，就执行 if 部分的代码，并跳过 else 部分的代码；如果为 false，则跳过 if 部分的代码并执行 else 部分的代码。可以将上边的例子改写为：

```
if (x<10){
        System.out.println("x 的值小于 10,if 代码段的语句被执行");
}else{
        System.out.println("x 的值大于 10,else 代码段的语句被执行");
}
```

第三种形式是上面两种形式的结合，并可以根据需要增加 else if 部分。在形式二的例子中，需要对 x 等于 20 的情况进行特殊处理，那么可以把程序修改为：

```
if (x<10){
        System.out.println(" x 的值小于 10,if 代码段的语句被执行");
}else if (x == 20){
        System.out.println(" x 的值等于 20,else if 代码段的语句被执行");
}else{
        System.out.println(" x 的值大于 10,else 代码段的语句被执行");
}
```

无论采用什么形式，在任何时候，if 结构在执行时只能执行某一段代码，而不会同时执行两段，因为布尔表达式的值控制着程序执行流只能走向某一个确定方向，而不会是两个方向。

还应该说明的是，Java 语言与 C 语言不同，在 C 语言中，值 0 可以当做 false 处理，而 1(包括非 0 值)可以当做 true 处理，所以条件表达式可以是一个数值。但是在 Java 中，if 结构中的条件表达式必须使用布尔表达式。

例 2.8 的程序用来判断某一年是不是闰年，分别采用了 3 种 if 语句书写，可以体会一下每种方式的特点。

【例 2.8】 利用 if 语句，判断某一年是否是闰年。

```java
public class LeapYear{
    public static void main(String args[]){

        //第一种方式
        int year = 1989;
        if ((year % 4 = =0 && year % 100 != 0) || (year % 400 = =0)){
            System.out.println(year + "is a leap year.");
        }else{
        System.out.println(year + "is not a leap year.");
        }

        //第二种方式
        year = 2000;
        boolean leap;
        if (year % 4 != 0){
            leap = false;
        }else if(year % 100 != 0){
            leap = true;
        }else if(year % 400 != 0){
            leap = false;
        }else{
        leap = true;
        }
    if(leap = = true){
        System.out.println(year + "is a leap year.");
        }else{
        System.out.println(year + "is not a leap year.");
        }

        //第三种方式
    year =2050;
    if(year % 4 = = 0){
        if(year % 100 = = 0){
            if(year % 400 = = 0){
                leap = true;
            }else{
                leap = false;
            }
        }else{
```

```
                    leap = false;
                    }
            }else{
                leap = false;
                }
        if(leap = = true){
            System.out.println(year + " is a leap year.");
         }else{
            System.out.println(year + " is not a leap year.");
            }
        }
    }
```

程序运行结果：

```
1989 is not a leap year.
2000 is a leap year.
2050 is not a leap year.
```

2.3.2 switch 语句

switch 语句与 if 语句在本质上是相似的，但它可以简洁地实现多路选择。它提供了一种基于一个表达式的值来使程序执行不同部分的简单方法。switch 语句将表达式返回的值与每个 case 子句中的值进行比较，如果匹配成功，则执行该 case 子句后的语句序列。case 子句后的语句序列中包括多条执行语句时，可以不用花括号{}括起。switch 语句的基本形式为：

```
switch (表达式){
    case 常量1:
        语句块1;
        break;
    case 常量2:
        语句块2;
        break;
    …
    case 常量n:
        语句块n;
        break;
    default:
        语句块n+1;
}
```

switch 语句中起判断作用的表达式必须为 byte、short、int 或者 char 类型。每个 case 后边的值必须是与表达式类型兼容的特定常量，并且同一个 switch 语句中的每个 case 值不能与其他 case 值重复。

default 子句是可选的。当表达式的值与所有 case 子句中的都不匹配时，程序执行 default 后面的语句。如果表达式的值与所有 case 子句中的值都不匹配且没有 default 子句，则程序不执行任何操作，直接跳出 switch 语句。

break 语句用来在执行完一个 case 分支后使程序跳出 switch 语句,即终止 switch 语句的执行。

> **注意:** 一个 case 子句相当于指示程序入口的一个标号,一旦匹配成功,就从该入口处直接执行其后的语句序列,而对其后的 case 子句不再进行匹配。因此,应该在每个 case 分支后用 break 语句来终止后面的 case 分支语句的执行,跳出 switch 语句。

在一些特殊情况下,case 取不同的值时要执行一组相同的操作,这时可以不用 break,如例 2.9 所示。

【例 2.9】 switch 语句示例。注意其中 break 语句的作用。

```java
public class SwitchDemo {
  public static void main(String[] args) {
    for(int i = 0; i < 100; i++) {
      char c = (char)(Math.random() * 26 + 'a');
      System.out.print(c + ": ");
      switch(c) {
        case 'a':
        case 'e':
        case 'i':
        case 'o':
        case 'u':
           System.out.println("vowel");
           break;
        case 'y':
        case 'w':
           System.out.println("Sometimes a vowel");
           break;
        default:
           System.out.println("consonant");
      }
    }
  }
}
```

2.3.3 for 循环

for 循环语句通过控制一系列的表达式重复执行循环体内的程序,直到条件不再匹配为止。其语句的基本形式为:

```
for(表达式1;表达式2;表达式3){
    循环体
}
```

第一个表达式用于初始化循环变量,第二个表达式用于定义循环体的循环条件,第三个表达式用于定义循环变量在每次执行循环语句时如何改变。for 语句执行时,首先执行初始化操作,然后判断循环条件是否满足,如果满足,则执行循环体中的语句,最后执行第三个表达式,改变循环变量。完成一次循环后,重新判断循环条件。例如:

```
for(int x=0;x<10;x++){
    System.out.println(" 循环已经执行了"+(x+1)+"次");
}
```

其中的第一个表达式 int x=0，定义了循环变量 x 并把它初始化为 0，这里 Java 语言与 C 语言不同，Java 支持在循环语句初始化部分声明变量，并且这个变量的作用域只在循环内部。如果第二个表达式 x<10 为 true，就执行循环，否则跳出循环。第三个表达式是 x++，它在每次执行完循环体后给循环变量加 1。

可以使用逗号语句来依次执行多个操作。逗号语句是用逗号分隔的语句序列。例如：

```
for(i=0, j=10,  i<j,  i++, j--){
    ……
}
```

【例 2.10】 使用 for 语句，完成简单的数据求和。

```
public class ForDemo{
    public static void main(String [] args){
        int sum=0;
        for(int i=0;i<=10;i++){
            sum+=i;
        }
        System.out.println ("sum="+sum);
    }
}
```

在 for 循环语句中，可以只输入分号而省略相应的表达式部分。也就是说，for 语句基本形式中的表达式 1、表达式 2 和表达式 3 都可以省略，但分号不可以省略。当三者均省略的时候，相当于一个无限循环，如下所示：

```
for( ; ; ){
    …
}
```

从 JDK 5.0 开始，Java 还支持 foreach 语句用于对集合进行操作，这一语句将在后续章节中介绍。

2.3.4 while 循环和 do-while 循环

while 语句的基本形式为：

```
while (条件表达式){
    循环体
}
```

在 while 语句中，用条件表达式的值决定循环体内的语句是否执行。如果条件表达式的值为 true，那么就执行循环体内的语句；如果为 false，就会跳出循环体，转而执行循环后面的程序。每执行一次循环体，就重新计算一次条件表达式，直到条件表达式为 false 为止。例如：

```
int x = 0;
while (x < 10){
```

```
        System.out.println(" 循环已经执行了" +(x+1)+ "次");
        x++;
    }
```

注意：while 语句首先要计算条件表达式，当条件满足时，才去执行循环中的语句。这一点与后面要讲的 do-while 语句不同。

【例 2.11】 使用 while 语句，完成简单的数据求和。

```
public class WhileDemo{
    public static void main(String args[]){
        int n = 10;
        int sum = 0;
        while(n>0){
            sum += n;
            n--;
        }
        System.out.println("1~10 的数据和为：" + sum);
    }
}
```

do-while 语句与 while 语句非常相似，不同的是，do-while 语句首先执行循环体，然后计算条件表达式，若结果为 true，则继续执行循环内的语句，直到条件表达式的结果为 false。也就是说，无论条件表达式的值是否为 true，都会先执行一次循环体。其语法形式为：

```
do{
    循环体;
}while (条件表达式)
```

可以用 do-while 来完成例 2.11 的简单数据求和程序，注意一下它们之间的不同之处。

【例 2.12】 使用 do-while 语句，完成简单的数据求和。

```
public class WhileDemo1{
    public static void main(String args[]){
        int n = 0;
        int sum = 0;
        do{
            sum += n;
            n++;
        }while(n<= 10);
        System.out.println("1~10 的数据和为：" + sum);
    }
}
```

2.3.5 跳转语句

Java 支持两种跳转语句：break 语句和 continue 语句。之所以称其为跳转语句，是因为通过这两种语句可以使程序不必顺序执行，而转移到其他部分去执行。

1. break 语句

在 switch 语句中已经接触了 break 语句，正是它使得程序跳出 switch 语句，而不是顺序地执行后面 case 中的程序。

在循环语句中,使用 break 语句可以直接跳出循环,忽略循环体的任何其他语句和循环条件测试。换句话说,在循环过程中遇到 break 语句时,循环终止,程序转到循环后面的语句处继续执行。

与 C/C++不同,Java 中没有提供 goto 语句来实现任意的跳转,因为 goto 语句会破坏程序的可读性,并且影响编译的优化,但 Java 可用 break 来实现 goto 语句所特有的一些优点。Java 定义了 break 语句的一种扩展形式来处理这种情况,即带标签的 break 语句。

带标签的 break 语句不但具有普通 break 语句的跳转功能,而且可以明确地将程序控制转移到标签指定的地方。需要强调的是,尽管这种跳转在有些时候会提高程序的效率,但还是应该避免使用这种方式。带标签的 break 语句形式为:

```
break 标签;
```

例如下面的代码,仔细体会一下 break 语句的使用方法:

```java
int x = 0;
enterLoop:        //标签
while (x < 10){
    x++;
    System.out.println (" 进入循环, x的初始值为: " + x);
    switch (x){
        case 0 :
            System.out.println(" 进入switch语句, x=" + x);
            break;
        case 1 :
            System.out.println(" 进入switch语句, x=" + x);
            break;
        case 2 :
            System.out.println(" 进入switch语句, x=" + x);
            break;
        default:
            if(x == 5){
                System.out.println(" 跳出switch语句和while循环, x=" + x);
                break enterLoop;
            }
            break;
    }
    System.out.println(" 跳出switch语句,但还在循环中。x=" + x);
}
```

2. continue 语句

continue 语句只可能出现在循环语句(while、do-while 和 for 循环)的循环体中,作用是跳过当前循环中 continue 语句之后的剩余语句,直接执行下一次循环。同 break 语句一样,continue 语句也可以跳转到一个标签处。例如下面的代码,注意其中 continue 语句与 break 语句在循环中的区别。

【例 2.13】 break 语句和 continue 语句的使用示例。

```java
public class LabeledWhile {
    public static void main(String[] args) {
```

```java
    int i = 0;
    outer:
    while(true) {
      System.out.println ("Outer while loop");
      while(true) {
        i++;
        System.out.println ("i = " + i);
        if(i == 1) {
          System.out.println ("continue");
          continue;
        }
        if(i == 3) {
          System.out.println ("continue outer");
          continue outer;
        }
        if(i == 5) {
          System.out.println ("break");
          break;
        }
        if(i = = 7) {
          System.out.println ("break outer");
          break outer;
        }
      }
    }
  }
}
```

程序运行结果:

```
Outer while loop
i = 1
continue
i = 2
i = 3
continue outer
Outer while loop
i = 4
i = 5
break
Outer while loop
i = 6
i = 7
break outer
```

通过这个例子可以清楚地看出：在没有标签时，continue 语句只是跳过了一次循环；而 break 语句跳过了整个循环。当循环中有标签时，带有标签的 continue 会到达标签的位置，并重新进入紧接在那个标签后面的循环中；而带标签的 break 会中断当前循环，并转移到由那个标签指示的循环的末尾。

小　结

本章主要介绍了 Java 语言的有关语法。因为语法部分的概念和规则比较多，需要记忆的也比较多，但理解这些概念和语法规则是编写程序的基础。

要理解变量和常量的概念，掌握 Java 常用的数据类型以及类型间如何进行相互转换，尤其要注意在类型转换过程中的数据信息丢失问题。变量作用域的概念需要在以后的实践中逐步理解。

Java 运算符较多但不难理解，主要是使用规则。有如下几点需要特别注意。

(1) 在算术运算符中，递增(++)和递减(--)两个运算符在变量前后的位置不同，运算顺序也不同；关系运算符和逻辑运算符应该联系起来学习；位运算符是 Java 嵌入式编程的基础内容，并且当操作数是布尔类型(boolean)时也起到逻辑运算符的功能。

(2) 运算符的优先级较多，一次性地掌握它们很不容易，对于暂时掌握不好或容易引起阅读混乱的运算符，建议使用小括号。

Java 的控制结构是本章的重点内容，要通过大量的实践来加深理解，尤其是 break 和 continue 这两个跳转语句。

习　题

1. 现有语句：String s = "Example"; 则下面哪些语句是合法语句？（　　）

    A. s >>> = 3;   B. s[3] = "x";
    C. int i = s.length();   D. String t = "For " + s;
    E. s = s + 10;

2. 下面哪些是 Java 保留字？（　　）

    A. run   B. default   C. implement   D. import

3. 下面声明 float 变量的语句中合法的有：（　　）

    A. float foo = -1;   B. float foo = 1.0;
    C. float foo = 42e1;   D. float foo = 2.02f;
    E. float foo = 3.03d;   F. float foo = 0x0123;

4. 以下哪两个表达式是等价的？（　　）

    A. 3/2   B. 3<2   C. 3*4
    D. 3<<2   E. 3*2^2   F. 3<<<2

5. 分析下列程序的执行结果。

```
(1) public class TestA{
    public static void main(String args[]){
        int i = 0xFFFFFFF1;
        int j = ~i;
        System.out.println("j=" + j);
    }
}
```

```
(2) public class TestB{
public static void main(String[] args){
System.out.println(6 ^ 3);
}
}

(3) public class FooBar{
    public static void main(String[] args){
          int i = 0, j = 5;
        tp:
          for(; ; i++){
          for( ; ; --j)
                if(i > j)
                break tp;
          }
          System.out.println("i=" + i + ",j=" + j);
    }
}

(4) public class TestC{
    public static void main(String[] args){
          int i = 1, j = 10;
          do{
          if(i++ > --j)
continue;
          }while(i < 5);
          System.out.println("i=" + i + " j=" + j);
    }
}
```

第 3 章 类和对象

教学目标：通过本章学习，理解类和对象之间的关系，熟练掌握类的设计方法、对象的使用方法，掌握构造方法的使用方法，熟练运用实例成员和类成员编写程序。熟悉 this 引用，了解 Java 包的概念及其使用方法，理解封装的特性。

教学要求：

知识要点	能力要求	关联知识
类的定义	(1) 掌握类与对象的概念和关系 (2) 掌握类的定义格式	类的定义格式、方法的定义格式、成员变量的定义格式
方法的使用	(1) 掌握方法返回值的使用方法 (2) 掌握方法参数的使用方法	有返回值方法、无返回值方法、有参方法、无参方法
类的实例化	(1) 掌握对象的创建与使用方法 (2) 理解对象创建过程 (3) 掌握类成员的修饰符	对象赋值、public、private、protected、static
构造方法	掌握构造方法在实例化对象时的作用	构造方法、默认构造方法
this 引用	掌握 this 的用法	this 引用
包的概念	(1) 掌握包的创建与使用方法 (2) 理解 classpath 环境变量的使用方法	package、import、classpath

重点难点：
- 类的定义与使用
- 对象的创建与使用
- static 修饰符的使用
- 构造方法的使用

3.1 类 的 定 义

面向对象程序设计所关心的是对象及对象间的关系，整个程序由类和对象组成，对象间通过消息进行联系，从而构造出模块化、可重用、维护方便的软件。其设计思想是：对要处理的问题进行自然分割，按照人的思维方式建立问题领域的模型，对客观实体进行结构模拟和功能模拟，设计出尽可能自然的表现问题求解方法的程序。

3.1.1 类和对象的关系

在现实世界中，一切客观实体都具有如下特性：有一个名字标识该实体，有一组属性描述其特征，有一组行为实现其功能。例如每辆汽车都有价格、耗油量、速度等属性，也有减速、加速、发动等行为，故可以定义一个"汽车类"，对汽车这一类型的客观实体所具有的共同属性和行为进行抽象描述，如图 3.1 所示。

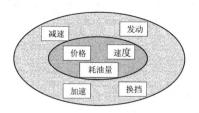

图 3.1 汽车类

利用伪代码，可以对"汽车类"进行简单的定义如下：

```
汽车类 Automobile {
    价格属性 price;
    速度属性 speed;
    减速方法 decelerate(){
        …
    }
    加速方法 accelerate(){
        …
    }
    启动方法 startup(){
        …
    }
}
```

这个简单定义规定了所有汽车的价格属性 price、速度属性 speed，以及减速方法 decelerate()、加速方法 accelerate()和启动方法 startup()。还可为其增加其他的属性和方法，以便更符合对实际问题的描述。

利用"汽车类"可以定义一个汽车，从而得到一个符合"汽车类"的具体对象。也可以利用"汽车类"先定义一个"轿车类"，再利用"轿车类"进一步定义一个小轿车，得到一个符合"轿车类"的具体对象。"汽车类"就像一个虚拟的汽车模型，根据该模型生产汽车，就是把该虚拟模型"实例化"，得到具体的汽车对象。

类是对具有相同属性和方法的一组相似对象的抽象，或者说类是对象的模板。类的一个重要作用是客观定义了一种新的数据类型，它封装了一类对象的属性和方法，是这一类对象的原型，如图 3.2 所示。在面向对象程序设计中，用类创建对象，并可以重复使用类创建多个对象。一旦改变了类的定义，由此类所创建的对象也就具有了新的特征。类是一种逻辑结构，而对象是真正存在的物理实体。应该注意，类定义了对象是什么，但它本身不是一个对象。就如同虚拟汽车模型不是汽车一样。类和对象是共性与个性的关系。

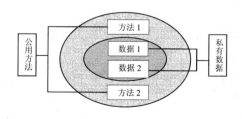

图 3.2 面向对象的类

在 Java 语言中，一切事物都用类来描述，类是 Java 的核心，也是 Java 的基本单元。对象是某个类的实例，其变量表示属性，方法表示功能，Java 正是通过类和对象的概念来组织和构建程序的。

封装、继承、多态是面向对象编程中采用的三大技术。我们将在本章讨论 Java 的封装特性，继承和多态的特性将在以后章节中讨论。

3.1.2 类的定义格式

1. 类的声明格式

类是 Java 程序的基本单元，Java 编译器无法处理比类更小的程序代码，当人们开始编写 Java 程序时，也就是要开始建立一个类。

类的声明格式如下：

```
[修饰符] class <类名> [extends 父类名] [implements 接口名]{
    类主体
}
```

其中，class 是定义类的关键字，<类名>是所定义的类的名称，extends 表示该类继承了它的父类，父类名指明父类的名称，implements 表示类所实现的接口，若实现多个接口则要用逗号隔开。本章只讨论基本类的设计方法，关于父类和接口将在后面讨论。

修饰符分为访问控制符和类型说明符两个部分，分别用来说明类的访问权限以及该类是否为抽象类或最终类。类的访问控制符主要包括 public、friendly（默认修饰符）。public 表示该类可以被任何类访问，称为公共类，当某一个类被声明为 public 时，此源程序的文件名必须与 public 所修饰的类名相同；当没有 public 修饰符时，即是默认类(friendly)，表示该类只能被同一个包中的类所访问。

类的类型修饰符包括 final、abstract。用 final 修饰的类称为最终类，表明该类不能派生子类；用 abstract 修饰的类被称为抽象类，抽象类不能定义对象，通常被设计成一些具有类似成员变量和方法的子类的父类。

访问控制符和类型说明符可以一起使用，访问控制符在前，类型说明符在后。例如 public final class Student 就声明了一个公共最终类 Student。

2. 类主体设计

Java 的类包括变量和方法，分别叫做成员变量和成员方法。因此，类主体的设计主要分为成员变量的设计和成员方法的设计两个部分。

声明一个成员变量就是声明该成员变量的名字及其数据类型，同时指定其他的一些特性。声明成员变量的格式为：

```
[修饰符]  <变量类型>  <变量名>
```

修饰符主要包括 public、private、protected、final、static 等，不加任何修饰符表明是默认修饰符。public 表明该成员变量可以被任何类访问；private 表明该成员变量只能被该类所访问；protected 表明该成员变量可以被同一包中的所有类及其他包中该类的子类所访问；

final 表明该成员变量是一个常量；static 表明该成员变量是类的成员变量，也称为静态成员变量，它是一个类所有对象共同拥有的成员变量；没有任何修饰符则为默认访问权限，表明该成员变量可以被同一包中的所有类所访问。例如：

```
public int year;              //公共的整型成员变量 year
private long month;           //私有的长整型成员变量 month
protected double day;         //保护的双精度成员变量 day
public static int number;     //公共的类成员变量 number
final int MAX=100;            //整型常量 MAX，值为 100
```

声明成员方法的格式为：

```
<修饰符> <返回值类型> <方法名> ( [参数列表] ) [ throws <异常列表> ]
{
    方法体
}
```

声明方法的修饰符和声明成员变量的修饰符基本一样，含义也基本相同。方法声明必须给出方法名和方法的返回值类型，没有返回值的方法用关键字 void 表示。方法名后的"( )"是必需的，即使参数列表为空，也要加一对空括号。throws 子句表明方法可能抛出的异常种类。例如，public void setDate(int y, int m, int d)声明了一个具有 3 个参数、无返回值的公共方法 setDate。

理解了类的声明方式和主体设计，可以完成对"汽车类"的基本设计：

```
public class Automobile{
    float price;                //价格
    float speed;                //速度
    void decelerate( ) { … }    //减速方法，具体操作略
    void accelerate( ) { … }    //加速方法，具体操作略
    void startup( ) { … }       //启动方法，具体操作略
}
```

现在从类的角度重新解释 HelloWorld 程序。

```
public class HelloWorld{
    public static void main(String [ ] args){
        System.out.println("Hello World!");
    }
}
```

在 HelloWorld 程序中首先定义了一个 public 类 HelloWorld，因此这个程序文件必须被命名为 HelloWorld.java。这是一个公共类，可以被任何其他类访问。在这个类中没有定义成员变量，只定义了一个成员方法，也就是程序的入口点 main 方法。main 方法必须小写，并且必须由 public static void 来修饰，public 使得 main 方法可以在 HelloWorld 类外被使用，static 表明 main 方法是 HelloWorld 类的成员方法，而不是属于某一具体对象的成员方法，main 方法不需要返回值，因此必须用 void 修饰。main 方法需要一个 String 类型的数组作为其参数，用以接收命令行参数，并传入 main 方法内部。

程序的第 3 句是一条可执行语句，它是 main 方法的方法体，用于在系统的标准输出设备(如显示器)上显示一行字符串"Hello World！"。

程序运行时，系统为其分配一块内存空间，用于存储 HelloWorld 类，并由 main 方法开始程序的执行，引用 Java 的系统类 System，并使用 println 方法将字符串输出到 DOS 命令提示符窗口中。最后，main 方法返回结果，程序执行完毕。

【例 3.1】 定义一个求圆面积的类。

```java
public class Circle {
    private double radius;
    private double area;
    final double pi=3.14;
    public void setRadius(double r) {
        radius=r;
    }
    public double calculateArea( ) {
        return pi*radius*radius;
    }
}
```

此例中定义了一个公共类 Circle，因此本程序应保存为 Circle.java。在 Circle 类中定义了两个私有成员变量 radius 和 area，用以存储圆的半径和面积；定义了一个常量 pi，用来存储 π 值；定义了一个公共的无返回值方法 setRadius，通过其参数 r 对类的成员变量 radius 赋值；定义了一个返回值为 double 类型的公共方法 calculateArea，其返回值为圆的面积。

3.2 方 法

方法是类的成员，它与类的成员变量一起被封装在类中，并在类中实现。方法的声明格式如 3.1.2 节所述。在使用方法时会遇到有返回值的方法和无返回值的方法，以及有参数的方法和无参数的方法。

3.2.1 方法的返回值

方法的返回值类型可以是基本数据类型也可以是对象，如果没有返回值，就用 void 来描述。例如，main 方法就没有返回值，而且必须没有返回值。

如果一个方法有返回值，则可以在方法体中使用 return 语句将值返回。需要注意的是，方法的返回值类型必须和 return 语句的返回值类型一样。

【例 3.2】 方法的返回值。

```java
public class MethodTest1{
    static int i=10;
    public static void print1(){
        System.out.println ("i="+i);
    }
    public static int print2(){
        return i;
```

```
        }
        public static void main(String [] args){
            print1();
            System.out.println ("i="+print2());
        }
    }
```

在本程序中创建了两个方法 print1 和 print2，print1 方法是无返回值的，因此在声明时使用 void 表明其无返回值，print2 方法会返回一个 int 类型的变量 i，因此在声明方法时使用 int 表明返回值类型是 int 类型的，并使用 return 语句返回了 int 类型的变量 i。程序的运行结果如下：

```
i=10
i=10
```

3.2.2 方法的参数

从参数的角度，可以将方法分为有参方法和无参方法，需要注意的是，在 Java 语言中，向方法传递参数的方式是"按值传递"。按值传递意味着，当将一个参数传递给一个方法时，首先创建了源参数的一个副本，并将这个副本传入了方法，这样方法接收的是原始值的一个副本。因此，即使在方法中修改了该参数，也只是改变了副本，而源参数值保持不变。

【例 3.3】 方法的参数。

```
public class Methodtest2{
    static  int i=10;
    public static void set1(){
        i=100;
    }
    public static void set2(int n){
        i=n;
    }
    public static  void print(){
        System.out.println ("i="+i);
    }
    public static void main(String [] args){
        print();
        set1();
        print();
        set2(50);
        print();
    }
}
```

在上面的程序中定义了一个类，在这个类中定义了一个成员变量 i，3 个成员方法 print、set1 和 set2。其中，print 方法是没有参数的方法，作用是输出 i 的值；set1 是没有参数的方法，作用是将 i 的值修改为 100；set2 方法是带有一个整型参数的方法，将传进来的参数值赋值给 i，这样在 main 方法中调用 set2 时，会将传入的整数值 50 传递给 i。程序运行结果如下：

```
i=10
i=100
i=50
```

【例3.4】 方法的参数传递。

```java
public class MethodTest3{
   public static void changeI(int i){
       i=100;
       System.out.println ("changeI 方法中 i="+i);
   }
   public static void main(String [] args){
       int i=10;
       System.out.println ("转换前 i="+i);
       changeI(i);
       System.out.println ("转换后 i="+i);

   }
}
```

不难看出，虽然在 changeI 方法中改变了传进来的参数 i 的值，但对这个参数的源变量本身并没有影响，即对 main 方法中的 i 变量没有影响。这说明，按值传递实际上是将参数的值制作了一个副本传进方法的，因此，无论在方法里怎么改变其值，结果都只是改变了复制的值，而不是源值。程序运行结果如下：

```
转换前 i=10
在 changeI 方法中 i=100
转换后 i=10
```

3.3 类的实例化

如果已经定义了一个类，那么就可以使用这个类创建它的一个对象，即实例化一个类。

3.3.1 创建对象

创建对象包括对象声明和对象初始化两个部分。通常这两个部分是结合在一起的，即定义对象的同时对其进行初始化，为其分配空间，并进行赋值。其格式为：

```
<类名> <对象名> = new <类名> ( [ <参数列表> ] )
```

例如，创建例 3.1 中 Circle 类的一个对象，代码如下：

```
Circle mycircle=new Circle();
```

也可以将对象声明和对象初始化分开，先做声明，后进行初始化：

```
Circle mycircle;              //声明 mycircle 对象
mycircle=new Circle();        //初始化 mycircle
Circle mycircle;
```

其中mycircle是所创建的对象的名称，即对象的标识符。

对象是引用类型。引用类型是指该类型的标识符，表示的是一片连续内存地址的首地址。定义了对象后，系统将给对象标识符分配一个内存单元，用以存放实际对象在内存中的存放位置。

在没有用new关键字创建实际对象前，对象标识符的值为null。关键字new用于为创建的对象分配内存空间，创建实际对象，并将存放对象内存单元的首地址返回给对象标识符。随后系统会根据<类名>([<参数列表 >])调用相应的构造方法，为对象进行初始化赋值，构造出有自己参数的具体对象。

上述创建Circle类的具体对象mycircle的过程可以用图3.3表示。

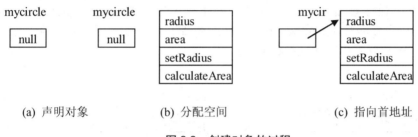

图 3.3 创建对象的过程

注意：对象作为一种引用类型，尽管存放的是对象的地址，但是不能使用该地址直接操作对象的实际内存，这与C/C++中的指针不同，是Java语言保证安全性的一种机制。

通过上面的介绍可以知道如何使用类创建对象，反过来如果有一个对象，还需要知道它是哪个类的实例，这时就需要用到Java提供的instanceof运算符。instanceof是Java的一个二元运算符，作用是测试它左边的对象是否是它右边的类的实例，返回boolean类型的数据。例如：

```
String s = "I am an Object!";
boolean bool = s instanceof String;
```

上述代码声明了一个String对象引用，指向一个String对象，然后用instanceof来测试它所指向的对象是否是String类的一个实例，显然，这是真的，所以返回true，也就是说bool的值为true。

3.3.2 使用对象成员

一旦定义并创建了对象，就可以在程序中使用对象了。对象的使用包括其成员变量的使用和其成员方法的使用，通过成员运算符"."可以实现对变量的访问和对方法的调用。通常使用的格式为：

```
对象名.成员变量名
对象名.成员方法名( [ <参数列表> ] )
```

例如：

```
mycicle.radius=5;           //将mycicle的radius赋值为5
mycicle.calculateArea();    //调用mycirlce的calculateArea方法求圆的面积
```

同类对象之间也可以进行赋值，这种情况称为对象赋值。例如：

```
Circle anothercircle;
anothercircle=mycircle;
```

上述语句创建了Circle类的另一个对象anothercircle，并通过对象mycircle对其进行赋值。

注意：和变量赋值不一样，对象赋值并不是真正把一个对象赋给另一个对象，而是让一个对象名存储的对象首地址和另一个对象名存储的对象首地址相同。换句话说，对象间的赋值实际上是对象首地址的赋值。上述语句实际上是将对象 mycircle 的首地址的值赋给了对象 anothercircle，因此对象mycircle和对象anothercircle实际上存储了同一地址，表示的是同一个对象。这一过程可以用图 3.4 表示。

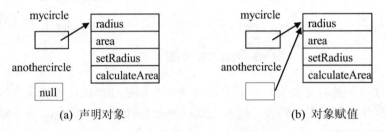

图 3.4 对象的赋值

【例 3.5】 创建日期类 Date 并进行输出。

```java
public class Date{
    private int day;
    private int month;
    private int year;
    public void setDate(int d,int m,int y){
        day=d;
        month=m;
        year=y;
    }
    public void printDate ( ){
        System.out.println("今天是"+year+"年"+month+"月"+day+"日");
    }
    public static void main(String [ ] args){
        Date today=new Date ( );
        today.setDate(28,5,2011);
        Date thisday;
        thisday=today;
```

```
        thisday.printDate( );
    }
}
```

程序运行结果：今天是 2011 年 5 月 28 日

该例具体说明了对象的使用情况。它首先定义了 Date 类，然后在 main 方法中创建了 Date 类的对象 today，利用对象 today 访问其成员方法 setDate()，为其成员变量 day、month、year 赋值，最后，声明了 Date 类的另一个对象 thisday，通过对象 today 为对象 thisday 赋值，使 today 和 thisday 指向同一个对象，调用 thisday 的 printDate()方法，输出了同样的日期。

【例 3.6】 设计类 Number，测试对象间的赋值。

```
class Number{
    int i;
    public static void main (String [ ] a){
        Number n1=new Number( );
        Number n2=new Number( );
        n1.i=9;
        n2.i=47;
        System.out.println("n1.i="+n1.i+"\t\t"+"n2.i="+n2.i);
        n1=n2;
        System.out.println("n1.i="+n1.i+"\t\t"+"n2.i="+n2.i);
        n1.i=27;
        System.out.println("n1.i="+n1.i+"\t\t"+"n2.i="+n2.i);
    }
}
```

程序运行结果：

```
n1.i=9          n2.i=47
n1.i=47         n2.i=47
n1.i=27         n2.i=27
```

在本例中创建了 Number 类的两个对象 n1 和 n2，并分别将其成员变量 i 赋值为 9 和 47；通过 n1=n2 进行对象赋值后，n1、n2 实际上是同一个对象，n1 和 n2 中 i 的值都是 47；通过 n1 改变了对象中 i 的值，也就改变了 n2 中 i 的值，因此 n1 和 n2 中 i 的值最后都是 27。

3.3.3 类成员的访问控制

在介绍类的定义时提到了类及其成员的修饰符，这些修饰符包括访问控制修饰符和类型修饰符。访问控制修饰符主要用于定义类及其成员的作用域，可以在哪些范围内访问类及其成员；类型说明符主要用于定义类及其成员的一些特殊性质，如是否可被修改，是属于对象还是属于类。在这些修饰符中，用来修饰类的有 public、abstract、final，用来修饰成员变量的有 public、private、protected、final、static，用来修饰成员方法的有 public、private、protected、final、static、abstract。任何修饰符都没有使用的，属于默认修饰符(friendly)。这些修饰符的作用见表 3-1，下面将具体分析。

表 3-1　类及其成员修饰符的作用

	修饰符	同一类中	同一包中	不同包中的子类	不同包中的非子类
访问控制	public	Yes	Yes	Yes	Yes
	protected	Yes	Yes	Yes	No
	(friendly)	Yes	Yes	No	No
	private	Yes	No	No	No
类型说明	final	最终类或最终成员。修饰类时表示此类不能有子类，修饰变量时表明此变量是一个常量，修饰方法时表明此方法不允许被覆盖			
	abstract	抽象类或抽象方法。修饰类时表明此类不能定义对象，修饰方法时表明此方法必须被覆盖			
	static	类成员或称为静态成员，表明此成员属于类，而不属于该类的某一具体对象			

1. 访问控制修饰符

访问控制修饰符用于说明类或类成员的可访问范围。用 public 修饰的类或成员拥有公共作用域，表明此类或类的成员可以被任何 Java 中的类所访问，是最广泛的作用范围。用 protected 修饰的变量或方法拥有受保护作用域，可以被同一个包中所有的类及其他包中该类的子类所访问。用 private 修饰的变量或方法拥有私有作用域，只能在此类中访问，在其他类中，包括在该类的子类中都是不允许访问的，private 是最保守的作用范围。没有使用任何修饰符的，拥有默认访问权限(也称为友好访问权限)，表明此类或类的成员可以被同一个包中的其他类访问。

当然，成员的作用范围受到类的作用范围的限制，如果一个类仅在包内可见，那么它的成员即便是用 public 修饰的，也只在同一包内可见。

【例 3.7】 测试成员变量修饰符的作用。

```
class FieldTest{
    private int num=5;           //私有作用域，在本类中可见
    public int get( ){           //公共作用域
        return num;              // get 方法返回成员变量 num 的值
    }
}
class Test{
    public static void main(String [ ] args){
        FieldTest ft=new FieldTest( );
        int t=ft.get( );         //正确访问
        //int s=ft.num;          //不能访问 FieldTest 类中的私有成员变量 num
        System.out.println("t=" +t);
        //System.out.println(s);
    }
}
```

程序运行结果：

t=5

本例说明了类成员修饰符的作用，在类 Test 中试图访问 FieldTest 类中的私有变量 num 是错误的(见程序注释部分)。如果将变量 num 的修饰符 private 改为 public，或直接去掉 private，使得变量 num 具有包或公共作用域，则在类 Test 中就可以访问变量 num，读者可自行测试。

2. 类型修饰符

类型修饰符用以说明类或类的成员的一些特殊性质。final 和 abstract 修饰符主要与类的继承特性有关，将在后面讨论。现在主要说明 static 修饰符。

Java 类的成员是指类中的变量和方法，根据这些成员是否使用了 static 修饰符，可以将其分为类成员(或称为静态成员)和实例成员。具体地说，在一个类中，使用 static 修饰的变量和方法分别称为类变量(或称为静态变量)和类方法(或称为静态方法)，没有使用 static 修饰的变量和方法分别称为实例变量和实例方法。

类成员(静态成员)属于这个类而不是属于这个类的某个对象，它由这个类所创建的所有对象共同拥有。类成员仅在类的存储单元中存在，而在由这个类所创建的所有对象中只存储了一个指向该成员的引用。因此，如果任何一个该类的对象改变了类成员，则对其他对象而言该类成员会发生同样的改变。

对于类成员，既可以使用对象进行访问，也可以使用类名直接进行访问，并且在类方法中只能访问类成员，而不能访问实例成员。

实例成员由每一个对象个体独有，对象的存储空间中的确有一块空间用来存储该成员。不同对象的实例成员之间相互独立，任何一个对象改变了自己的实例成员，只会影响这个对象本身，而不会影响其他对象中的实例成员。

对于实例成员，只能通过对象来访问，不能通过类名进行访问。在实例方法中，既可以访问实例成员，也可以访问类成员。

【例 3.8】 定义类 SaticTest，测试对实例成员和类成员的不同访问形式。

```java
public class StaticTest{
    static int i=1;                              //类变量
    int j=1;
    static void printStatic( ){                  //类方法
        System.out.println("i="+i);
        //System.out.println("j="+j);            //非法访问
    }
    void print(){
        System.out.println("i="+i);
        System.out.println("j="+j);
    }
    public static void main(String [ ] args){    //类方法
        StaticTest.printStatic( );
        //StaticTest.print( );                   //非法访问
        StaticTest.i=2;
        //StaticTest.j=2;                        //非法访问
        StaticTest st=new StaticTest( );
        st.i=3;
        st.j=3;
        st.print( );
```

```
        st.printStatic( );
    }
}
```

程序运行结果：

```
i=1
i=3
j=3
i=3
```

程序定义了一个类变量 i，定义了一个实例变量 j，定义了一个类方法 printStatic，定义了一个实例方法 print；在类方法 printStatic 中，只能访问类变量 i，但不能访问实例变量 j；在实例方法 print 中，则两个变量都可以访问；在 main 方法中，由于 main 方法是使用 static 修饰的，因此可以直接通过类名访问类变量 i 和类方法 printStatic，但不能通过类名访问实例变量 j 和实例方法 print，而一旦定义了对象 st，则通过对象 st 可以访问类的任何成员，不论是类成员还是实例成员。

【例 3.9】 测试类变量与实例变量的不同。

```java
public class StaticVar{
    int i=0;
    static int j=0;
    public void print( ){
        System.out.println("i="+i);
        System.out.println("j="+j);
    }
    public static void main(String [ ] args){
        StaticVar sv1=new StaticVar( );
        sv1.i++;
        sv1.j++;
        sv1.print();
        StaticVar sv2=new StaticVar( );
        sv2.print();
    }
}
```

程序运行结果：

```
i=1
j=1
i=0
j=1
```

在本程序中定义了实例变量 i 和类变量 j，创建了两个对象 sv1 和 sv2，对 sv1 中的 i 和 j 进行自增运算，输出均为 1；然后输出 sv2 中的两个变量，结果为 0 和 1。因为 i 是实例变量，sv1 的更改只影响 sv1 本身，不影响其他对象，而 j 是类变量，sv1 对其进行更改后，sv2 中的该变量会随之改变。

与类的修饰符一样，类成员的访问控制修饰符和类型修饰符也可以组合使用，访问控制修饰符在前，类型修饰符在后，例如：

```
public static int i;              //该语句定义了一个具有公共作用域的类变量 i
public static final int PI=3.14;  //该语句定义了一个具有公共作用域的类常量 PI
```

3.4 构造方法

用类创建的每个对象都有其各自的特性，这反映在每个对象中实例变量的初值不同上。对每个对象中的实例变量逐个进行初始化将是非常枯燥的，一个简单的方法就是在创建对象时完成这些初始化。Java 通过构造方法来完成这一工作。

3.4.1 构造方法的作用和定义

构造方法也称为构造函数，用来对对象进行初始化。构造方法在语法上等同于其他方法，因此构造方法的设计和其他方法类似。但构造方法有自己的特点：构造方法的名称必须和类名完全相同，并且没有返回值，甚至连表示无返回值的空类型(void)也没有，因为构造方法隐式的返回类型就是类型本身。

构造方法一般应定义为 public。当创建对象时，new 运算符自动调用构造方法，实现对对象中成员变量的初始化赋值，或者进行对象的处理。使用构造方法来初始化对象，可以提高程序的健壮性，简化程序设计。

【例 3.10】 对例 3.5 中的 Date 类进行修改，将定义日期的功能用构造方法来实现。

```java
public class Date{
    private int day;
    private int month;
    private int year;
    Date(int d,int m,int y) {                        //构造方法
        day=d;
        month=m;
        year=y;
    }
    public void printDate( ) {
        System.out.println("今天是"+year+"年"+month+"月"+day+"日");
    }
    public static void main(String [ ] args) {
        Date today=new Date(28,5,2011);              //创建对象
        today.printDate( );
        Date anotherday=new Date(1,6,2011);          //创建对象
        anotherday.printDate( );
    }
}
```

程序运行结果：

```
今天是 2011 年 5 月 28 日
今天是 2011 年 6 月 1 日
```

程序定义了 Date 类的构造方法 Date。在使用 new 关键字创建对象的同时，分别为两个对象的各个成员变量赋予不同的值，从而创建了两个具有自己特性的对象，这样设计将程序的初始化工作简化了很多。

3.4.2 默认构造方法

一般而言,每个类都至少有一个构造方法。

如果程序员没有为类定义构造方法,Java 虚拟机会自动为该类生成一个默认的构造方法。默认的构造方法相当于形如 "public 类名( ){}" 的构造方法,其参数列表及方法体都为空。在默认情况下,当使用 new Xxx()的形式来创建对象实例时,就是调用了默认构造方法,这里的 Xxx 表示类名。

例如在例 3.1 中,没有为 Circle 类定义构造方法,因此 Circle 类使用默认构造方法 "public Circle() {}",要创建一个对象,应该使用语句 Circle mycircle=new Circle( );同样,例 3.5 中的 Date 类也没有定义构造方法,因此,其默认构造方法是 "public Date( ) {}",创建对象的语句是 Date today=new Date( )。

Java 规定:如果程序员定义了一个或多个构造方法,则自动屏蔽掉默认的构造方法。

例如在例 3.10 中,因为定义了唯一一个名为 Date(int d,int m,int y)的构造方法,所以就没有了默认的构造方法,此时,创建对象的语句形如 Date today=new Date(28,5,2011);如果用户还像在例 3.5 中那样使用语句 Date today=new Date()来创建对象,将会导致程序出错,因为在程序中找不到形式为 "Date() {}" 的构造方法。

通过 new 关键字创建类的对象,必须调用已经定义的或默认的构造方法来完成。类提供了什么样的构造方法,决定了创建其对象的语法格式。这一点要特别注意。

Java 允许在一个类中定义多个构造方法,在创建实例时,根据参数的不同确定应该调用哪一个构造函数,这称为构造方法的重载。这个概念将在后面详细介绍。

3.4.3 构造方法的使用

【例 3.11】 设计类 Person,用其创建对象,并对创建的对象个数计数。

```java
public class Person{
    private static int i;
    private String name;
    private int age;
    Person(String n,int a){                    //构造方法
        name=n;
        age=a;
        i++;
        speak( );
    }
    void speak( ) {
        System.out.println("我是第"+i+"个人,名叫"+name+",年龄"+age+"岁");
    }
    public static void main(String [ ] args){
        Person p1=new Person("李大强",20);    //创建对象
        Person p2=new Person("张晓明",22);    //创建对象
        Person p3=new Person("王金宝",18);    //创建对象
    }
}
```

程序运行结果：

```
我是第1个人,名叫李大强,年龄20岁
我是第2个人,名叫张晓明,年龄22岁
我是第3个人,名叫王金宝,年龄18岁
```

本例使用构造方法创建了不同的对象，对其中的变量赋予了不同的值，同时对类变量 i 进行了自增运算，使 i 成为一个计数器，用来计算创建对象的数目，并调用了实例方法 speak( )用于将结果输出。

3.5 参数传递和 this 引用

方法是 Java 程序实现其功能的成员，很多方法在使用时需要为其传送参数。Java 中方法的所有参数均是"按值"传送的，即方法调用不会改变参数被传递前的值。

3.5.1 对象作为方法的参数

当使用对象实例作为参数传递给方法时，参数的值是对对象的引用。也就是说，传递到方法内部的是对象的引用值而不是对象的内容。因为"按值"传送，在方法内这个引用值不会被改变。但如果通过该引用值修改了所指向的对象的内容，则方法结束后，所修改的对象内容可以保留下来。

理解引用的概念并不困难。如果对 C/C++有所了解，那么就会发现它与指针的概念十分相似，只是这个"指针"非常安全。简单地说，引用其实就像是一个对象的别名。在定义一个对象变量时，已经给这个对象定义了一个变量名，而引用就是这个对象的另一个名字(副本)，并且同一个对象可以有多个引用。明白了这一点，就不难理解使用对象传递方法的参数时"引用值"并没有发生改变，但却可以通过"引用值"改变它所指向的对象内容。

在例 3.12 中使用了 Integer 类。

【例 3.12】 将对象作为参数的示例之一。

```
public class Swap{
    public static void main(String args[]){
        Integer a, b;
        a = new Integer(10);
        b = new Integer(50);
        System.out.println("before swap …");
        System.out.println("a is " + a);
        System.out.println("b is " + b);
        swap(a, b);
        System.out.println("after swap …");
        System.out.println("a is " + a);
        System.out.println("b is " + b);
    }
    public static void swap(Integer pa, Integer pb){
        Integer temp = pa;
        pa = pb;
        pb = temp;
```

```
            System.out.println("in swap …");
            System.out.println("a is " + pa);
            System.out.println("b is " + pb);
    }
}
```

程序运行结果:

```
before swap …
a is 10
b is 50
in swap …
a is 50
b is 10
after swap …
a is 10
b is 50
```

在本例程序中可以清楚地看到,为了把对象 a、b 传入方法 swap 中,将对象的引用作为参数提交给了 swap 方法;swap 方法不能直接操作传入的引用 a、b,只能接收这两个引用,生成了两个副本 pa、pb,然后操作这两个副本,使副本交换了所指向的对象;尽管对象变量 pa、pb 在 swap 方法中的确做了交换,但当程序从 swap 方法返回到 main 方法中时,a、b 的值仍然保持不变,即 main 方法中的引用并没有被修改,它们依然指向原来的对象。

【例 3.13】 将对象作为参数的示例之二。

```java
class TestObject{
        private String name;
        public void setName(String pname){
            name = pname;
        }
        public  String getName(){
        return name;
        }
}
public class Testit{
        private void modify(TestObject mta,TestObject mtb) {
            mta.setName("xyz");
            mtb.setName("uvw");
            System.out.println("in test …");
            System.out.println("mta.getName()=" + mta.getName());
            System.out.println("mtb.getName()=" + mtb.getName());
        }
        public static void main(String[] args){
            TestObject ta = new TestObject();
            TestObject tb = new TestObject();
            Testit tc = new Testit();
            ta.setName("abc");
            tb.setName("def");
            System.out.println("before test …");
            System.out.println("ta.getName()=" + ta.getName());
            System.out.println("tb.getName()=" + tb.getName());
```

```
            tc.modify(ta, tb);
            System.out.println("after test …");
            System.out.println("ta.getName()=" + ta.getName());
            System.out.println("tb.getName()=" + tb.getName());
        }
    }
```

程序运行结果：

```
before test …
ta.getName()=abc
tb.getName()=def
in test …
mta.getName()=xyz
mtb.getName()=uvw
after test …
ta.getName()=xyz
tb.getName()=uvw
```

在这个例子中，modify 方法能够改变方法外部对象的数据，下面将对其原因进行特别说明。当 main 方法调用 modify 方法时，向它传递了 ta、tb 两个对象变量，实际传递的是对这两个对象的引用。modify 方法接收到了这两个对象的引用，并且为这两个引用生成了两个副本 mta、mtb。这两个副本也是引用，并且它们与传入方法的对象引用一样分别指向源参数 ta、tb 两个对象。同一个对象可以有多个引用，并且可以通过每个引用来访问这个对象。modify 方法通过 mta、mtb 这两个副本修改了源参数的数据，实际修改的正是 ta、tb 两个对象的数据。因此，当 modify 方法执行完毕回到 main 方法时，对象 ta、tb 的数据就被修改了。

简单说来，Java 只有一种参数传递方式——按值传递。当使用基本类型作为参数时，传递的是参数的值的副本；当使用对象作为参数时，传递的是对象的引用的副本，既不是引用本身，更不是对象。

有些时候，方法需要明确使用对当前对象的引用，而不是对参数所传递的对象的引用，此时要使用 this 关键字。

3.5.2 this 引用

在方法内，this 关键字可以为调用了方法的那个对象生成相应的地址，从而获得对调用本方法的那个对象的引用。当方法需要访问类的成员变量时，就可以使用 this 引用指明要操作的对象。

【例 3.14】 对例 3.5 中的 Date 类进行修改，用 this 实现对本类的引用。

```
public class Date{
    private int day;
    private int month;
    private int year;
    public void setDate(int day,int month,int year){
        this.day=day;
        this.month=month;
```

```
            this.year=year;
        }
    }
```

在这个类中,方法 setDate 需要访问类的成员变量 day、month、year,同时 setDate 的参数列表中又有 3 个同名变量,可以使用 this 指明赋值号左边的 3 个变量是类的成员变量,赋值号右边的是方法的参数,表明要把传递进来的 3 个参数的值分别赋给调用该方法的对象中的 3 个实例变量。

需要注意的是,当一个变量被声明为 static 时,是不能用 this 来指向的,因为 this 是用来指向某一具体对象的,不能用来指示类本身。

this 有时是必需的,例如在完全独立的类中调用一个方法,同时把对象实例作为自变量来传送时就要使用 this 指明要对哪个对象实例进行操作。

【例 3.15】 对例 3.5 中的 Date 类进行修改,将对象作为自变量进行传送。

```
public class Date{
    private int day,month,year;
    Date(int day,int month,int year){
        setDate(day,month,year);
        printDate(this);
    }
    private void setDate(int day,int month,int year){
        this.day=day;
        this.month=month;
        this.year=year;
    }
    private void printDate(Date d){
        System.out.println("今天是"+d.year+"年"+d.month+"月"+d.day+"日");
    }
    public static void main(String [ ] args){
        Date date=new Date(2,6,2011);
    }
}
```

程序运行结果:

今天是 2011 年 6 月 2 日

在本例中,构造方法 Date 需要访问 printDate 方法,而此方法又需要一个 Date 类的对象作为参数,用 this 将刚创建的对象作为参数传入,指明对这个对象实例进行访问操作。

this 还可以用在某个构造方法的第一条语句中,用来调用该类的另一个构造方法,不过这属于面向对象程序设计中的多态性,这里就不再赘述。

3.5.3 类的封装性

在例 3.14 中,对象的初始化和输出对象的功能分别是用 setDate 方法和 printDate 方法实现的,并在构造方法中进行了调用。其实,完全可以将初始化和输出功能直接使用构造方法实现。

类由成员变量和成员方法构成,对类的操作也就是对这些成员的操作。可以访问的类的成员越多,出现问题的几率就越大,程序的健壮性、稳定性就越差。为了避免出现这种情况,在面向对象编程中提出了"强内聚、弱耦合"的编程思想。也就是要求一个类的内部成员之间联系紧密一些,而一个类与其他类之间的联系疏松一些。实现这种思想的方式,就是尽可能地把类的成员声明为私有的(private),只把一些少量的、必要的方法声明为公共的(public),提供给外部使用。这种方式使得类功能的实现只在类内可见,在类的外部则只能访问少量的 public 方法,完成相应的功能。至于实现这些功能的内部机理和过程,在类的外部并不知道也不需要知道,从而减少了用户对类的内部成员的访问,增强了程序的健壮性。

例如,在例 3.10 中,除了构造方法之外,Date 类的其他成员在该类外都是不可访问的,因为它们都是 private 的,在类外是不可见的,这就实现了对类的功能的隐藏,保证了安全性。如果在例 3.10 中新建一个类 UseDate,并且在 UseDate 类中有如下代码:

```
Date d= new Date(1,6,2011);
d.day=d.day+1;
```

则这两句代码将导致错误。

防止直接访问数据变量看起来有些奇怪,但这实际上却对使用 Date 类的程序的质量有极大的好处。既然数据的单项是不可访问的,那么唯一的办法就是通过方法来读或写。因此,如果要求保证类成员内部的一致性,就应该通过类本身的方法来处理。

这种数据隐藏技术体现了面向对象程序设计的重要特性:封装。它将类的外部界面与类的功能实现区分开来,隐藏实现细节,(通过公共方法)保留有限的对外接口,迫使用户使用外部界面,通过访问接口实现对数据的操作。即使实现细节发生了改变,也还可保留访问接口不变,确保调用它的代码还继续有效,这使代码维护变得更简单。

3.6 类的组织

面向对象程序设计的另一个特点是公共资源可以重用。在 Java 中,当编写较大型的应用软件时,就会有许多 Java 文件,如果将这些 Java 文件放在一个文件夹中,管理起来就比较困难,进行软件资源重用也不方便。Java 解决此问题的方法是包。

3.6.1 包的概念

包是 Java 提供的文件组织方式。一个包对应一个文件夹,一个包中可以包括很多类文件,包中还可以有子包,形成包等级。Java 把类文件放在不同等级的包中,这样一个类文件就会有两个文件名:一个是类文件的短名字,另外一个是类文件的全限定名。短名字就是类文件本身的名称,全限定名则是在类文件的名称前面加上包的名称。

例如,把 Hello 这个类放在名为 mypackage 的包中,则 Hello 这个类的短名字为 Hello.class,全限定名为 mypackage.Hello.class。

使用包不仅方便了类文件的管理,而且扩大了 Java 命名空间。不同的程序员可以创建相同名称的类,只要把它们放在不同的包中,就可以方便地区分,不会引起命名冲突。

Java 规定,同一个包中的文件名必须唯一,不同包中的文件名可以相同。Java 语言中的这种包等级和 Windows 中用文件夹管理文件的方式完全相同,差别只是表示方法不同。

3.6.2 创建包

创建一个包是很简单的：只要使用一个 package 语句作为一个 Java 源文件的第一句，则在该源文件中所定义的任何类都将属于由此 package 语句指定的包。

package 语句定义了一个存储类的命名空间。如果省略 package 语句，类名被输入一个默认的没有名称的包中。包的存储路径默认是 "."，表示 Java 编译器在当前文件夹中查找类文件，这就是为什么在前面的程序中不用担心包的原因。尽管使用默认包对于简单短小的例子程序很方便，但是对于实际的应用程序却是不适当的。在多数情况下，需要为自己的代码定义一个包。

创建包的语法格式为：

```
package <包名>;
```

其中，package 是关键字，包名是包的标识符。package 语句使得其所在文件中的所有类都属于指定的包。例如：

```
package myPackage;
```

只要将该语句作为源文件的第一句，就创建了一个名为 myPackage 的包，并且该源文件中的所有类都属于 myPackage 包。

也可以创建包的层次。为了做到这点，只要将每个包名与它的上层包名用点号 "." 分隔开就可以了。声明一个多级包的通用形式如下：

```
package <包名> [.<子包名> [.<子子包名>...]];
```

例如，下面的声明语句表示在已存在的名为 MyPackage 的包中创建它的子包 secondPackage。

```
package myPackage . secondPackage;
```

需要注意的是，在一个 Java 文件中，只允许出现一条 package 语句，因为不可能将某一个类放在两个不同的包中。当多个 Java 源文件中都有 package 语句，且 package 语句后的包名相同时，则表明这些类同属于一个包。

【例 3.16】 将 HelloWorld 程序放入自己定义的包 myPackage 中。

```
package myPackage;           //创建 myPackage 包,此语句是源文件的第一句
public class HelloWorld{
    public static void main(String [ ] args){
        System.out.print("Hello World!");
    }
}
```

3.6.3 访问包

1. 目录布局及 CLASSPATH 环境变量

Java 用文件系统目录(文件夹)来存储包。不过，只有在编译时加上 -d 参数，Java 编译器才会生成相应的目录结构。

例如，编译例 3.13 的程序时必须输入：

```
javac -d . HelloWorld.java
```

Java 编译器才会在当前目录下生成名为 myPackage 的文件夹,并且把 HelloWorld.class 文件放在该文件夹中。

一旦一个类有了它的包,在访问时就需要指明类的路径,以便能够找到该类。

在例 3.15 中,在 myPackage 包中创建了一个名为 HelloWorld 的类。当试图运行 HelloWorld 时,Java 解释器会报告一条"不能发现 HelloWorld 类"的错误消息。这是因为该类现在被保存在 myPackage 包中,不再能简单地用 HelloWorld 来引用。必须通过列举包的层次来引用该类。引用包层次时用".",将包名隔开。该类现在必须叫做 myPackage.HelloWorld,即需要按照下面的格式运行该程序:

```
java myPackage. HelloWorld
```

此外,Java 允许使用 CLASSPATH 环境变量指明类的存储路径,这是通知应用程序(包括 JDK 工具)在什么位置搜索用户自定义类的一种方式。默认的存储路径是".",表示 Java 编译器在当前文件夹中查找 Java 类文件。

可以将 CLASSPATH 设置为 HelloWorld.class 文件的上级目录所在的位置,以便 Java 编译器能够找到 HelloWorld.class 并运行它。例如,HelloWorld.class 文件所在的文件夹为 C:\myjava\myPackage,那么可以设置类路径为:

```
set CLASSPATH=.;C:\myjava
```

表示自定义类的存储路径是默认的存储路径"."和"C:\myjava"。 此时,输入

```
java myPackage. HelloWorld
```

程序会正确运行,因为此时 Java 编译器会到 C:\myjava\下寻找 myPackage.HelloWorld.class 文件,而该文件就在这个目录下。

不论采用上述哪一种方法,需要注意的是 HelloWorld 程序的名字现在是 myPackage.HelloWorld,即必须要加上它所在包的包名,否则就是不正确的。

2. import 语句

包的存在方便了类的管理,但在使用一个类时必须加上类所在包的包名,也就是要使用类的全限定名,这会导致编程不便。为此,Java 使用 import 语句来引入特定的类甚至是整个包。一旦被引入,可以直接使用类名,而不必使用全限定名。

import 语句对于程序员是很方便的,而且在技术上不再需要编写完整的 Java 程序。如果要在程序中引用若干个类,那么用 import 语句将会节省很多时间。

在 Java 源程序文件中,import 语句紧接着 package 语句(如果 package 语句存在),它存在于任何类定义之前。下面是 import 声明的通用形式:

```
import pkg1[.pkg2].(classname|*);
```

这里,pkg1 是顶层包名,pkg2 是在外部包中用逗点(.)隔离的下级包名。除非是文件系统的限制,不存在对包层次深度的实际限制。最后,要么指定一个明确的类名,要么使用一个星号(*)指明要引入这个包中的所有 public 类。例如:

```
import java.util.Date;        //引入java.util.Date类
import java.io.*;             //引入java.io包中的所有public类
```

【例 3.17】 将 Date 类放入包 mypackage 中，并用 mypackage1 包中的 Test 类实现该 Date 类。

```java
package mypackage;
public class Date{
    private int day;
    private int month;
    private int year;
    public Date(int d,int m,int y){
        day=d;
        month=m;
        year=y;
    }
    public void setDate(int d,int m,int y){
        day=d;
        month=m;
        year=y;
    }
    public void printDate( ){
        System.out.println("今天是"+year+"年"+month+"月"+day+"日");
    }
}
//以下程序是mypackage1包中的Test类。
package mypackage1;
import mypackage.Date;
public class Test{
    public static void main(String [] args){
        Date mydate=new Date(10,06,2011);
        mydate.printDate();
    }
}
```

程序运行结果：

今天是 2011 年 6 月 10 日

在这个例子中，用 import mypackage.Date 语句引入了 Date 类，因而可以访问 Date 类及其成员。在此例中必须先用命令 javac -d . Date.java 编译 Date 类，然后再用命令 javac -d . Test.java 编译 Test 类，最后用命令 java mypackage1.Test 运行程序。

当然，在此程序中也可以不引入 Date 类，而使用 Date 类的全限定名 mypackage.Date，程序同样可以正确运行，读者可自行测试。

星号形式可能会增加编译时间——特别是在引入多个大包时。因为这个原因，明确地命名想要使用的类而不是引入整个包是一个好的方法。然而，星号形式和类的大小对运行时间没有影响。

其实任何一个 Java 程序的运行都需要一些标准类的支持，所有 Java 包含的标准类都存储在名为 java 的包中。基本语言功能被存储在 java 包中的 java.lang 包中。通常，必须引入所要用到的每个包或类，但是，java.lang 包是 Java 的核心包，是每一个 Java 程序都必须使用的包，因此 Java 虚拟机会自动加载 java.lang 包，没有必要在程序的开始用 import 引入这个包。

需要注意的是，import 语句仅能引入被声明为 public 的类，并且不能引入子包中的类。例如为了编写 GUI 程序通常需要引入 java.awt 这个包，为了使程序响应所发生的事件必须引入 java.awt.event 这个包，虽然 java.awt.event 包是 java.awt 包的子包，但在程序中必须写两条 import 语句将这两个包都引入，即在程序的开头加上如下两句代码：

```
import java.awt.*;
import java.awt.event.*;
```

在使用星号形式时，如果所引用的两个不同包中具有类名相同的类，编译器将保持沉默，除非试图使用其中的一个。在这种情况下，会产生一个编译时错误。要避免这种错误的发生，就必须明确地命名包中的类。

3. 访问保护

前面已经介绍了 Java 的访问控制机制和它的访问说明符。例如，一个类的 private 成员仅可以被该类的其他成员访问，但不能在类外进行访问。表 3-1 中已经列出了 Java 的访问控制修饰符，并说明了这些修饰符对类成员的访问限制作用。这些限制机制就是通过包来实现的。

类、包都是用来封装变量和方法、容纳命名空间的。包就像盛装类和下级包的容器，类就像是数据和代码的容器。访问控制修饰符用于确定访问限制。

Java 的访问控制机制看上去很复杂，可以按下面的简化思路来理解它。

对于类的成员而言：对于声明为 public 的内容可以从任何地方访问。被声明成 private 的成员在该类外不能访问。如果一个成员不含有明确的访问说明，它对于该包中的其他类是可见的，这是默认访问。如果希望一个成员在当前包外可见，但仅仅是成员所在类的子类直接可见，应把成员定义成 protected。

而一个类只可能有两个访问级别：默认的或是公共的。如果一个类声明成 public，它可以被任何其他类访问。如果该类使用默认访问控制修饰符，它仅可以被同一包中的其他类访问。

【例 3.18】 下面的例子演示了包的保护作用。

```
package mypackage;
public class A{                         //公共作用域
    int num;                            //包的作用域
    public int get( ){return num;}      //公共作用域
}
//B.java 文件
package anotherpackage;
import mypackage.A;
class B{                                //包的作用域
    A mya = new A ( );                  //正确访问
    void m( ) {
        int t= mya.get( );              //正确访问
        int s = mya.num;                //错误,num 是包的作用域,不能访问
    }
}
//程序的编译（javac -d . B.java）会出现如下错误:
//B.java:8: num is not public in mypackage.A; cannot be accessed from outside package
    //int s = mya.num;                  //错误,num 是包的作用域,不能访问
```

变量 num 具有包作用域，不能在另一个包中对其进行访问，因此编译时会出现错误。包对变量起到了保护作用，避免了对变量的非法访问。

3.7 实例分析

本节将给出一个较复杂的例子,用以综合应用本章所介绍的知识。

【例 3.19】 设计一个电视机类,成员变量包括电视机编号、生产厂家、品牌名称、大小、开关状态,并可以对其进行相应的操作,如打开电视、提高/降低音量、更换频道等。

电视机编号由生产日期和生产编号构成,如 2011 年 6 月 15 日生产的第一台电视的编号为 2011061501,第二台为 2011061502,该编号自动生成。将该类放入自己的包中,并进行测试。

```java
package mypackage.tvset;                    //定义包mypackage.tvset
import java.util.Date;                      //引入java.util.Date类,用于获得当前日期
class TvSet{
    private static int number;              //电视机编号
    private int tvnumber;
    private final String manufacturer="职业学院设备厂";   //生产厂家
    private final String brandname="学院牌";              //电视机品牌名
    private int size;                                    //电视机尺寸
    private String switchstate="关闭";                   //电视开关状态
    public TvSet (int size){                             //构造方法
        this.size=size;
        setNumber ( );
        tvnumber=number;
        System.out.print("由"+manufacturer+"制造的"+brandname+size+"英寸电视已被制造。");
        System.out.println("该电视的编号为"+tvnumber);
    }
    private static void setNumber( ){                    //设置电视机编号
        String datenumber;
        Date d=new Date( );
        String day=Integer.toString(d.getDate( ));       //获取当前日期
        String month=(d.getMonth()<9)?"0"+Integer.toString(d.getMonth()+1):
                Integer.toString (d.getMonth( )+1);
        String year=Integer.toString(d.getYear ( )+1900);
        datenumber=year+month+day;
        number= (number==0)?Integer.parseInt(datenumber+"01"):number+1;
        //生成电视机编号
    }
    public void openTv( ){                               //打开电视
        switchstate="打开";
        System.out.println("电视已被打开");
    }
    public void closeTv ( ){                             //关闭电视
        switchstate="关闭";
```

```java
        System.out.println("电视已被关闭");
    }
    public void changeChannel (String s){           //更换频道
        System.out.println("电视已被切换到"+s+"频道");
    }
    public void heightenVolume ( ){                 //调高音量
        System.out.println("电视音量被调高");
    }
    public void lowerVolume ( ){                    //降低音量
        System.out.println("电视音量被降低");
    }
    public int getSize ( ){                         //获取电视机尺寸
        return size;
    }
    public String getSwitch ( ){                    //获取电视机开关状态
        return switchstate;
    }
    public int getTvnumber ( ){                     //获取电视机编号
        return tvnumber;
    }
}
public class TestTV {                               //运行测试
    public static void main(String [ ] args){
    TvSet tv1=new TvSet (24);
    TvSet tv2=new TvSet (29);
    TvSet tv3=new TvSet (34);
    tv1.openTv ( );
    tv1.changeChannel ("CCTV5");
    tv1.heightenVolume ( );
    System.out.println ("tv1 处于"+tv1.getSwitch ( )+"状态");
    System.out.println ("tv2 处于"+tv2.getSwitch ( )+"状态");
    System.out.println ("tv2 的大小为"+tv2.getSize ( )+"英寸");
    System.out.println ("tv2 的编号为"+tv2.getTvnumber ( ));
    System.out.println ("tv3 的编号为"+tv3.getTvnumber ( ));
    }
}
```

编译命令为：javac -d . TestTV.java
运行命令为：java mypackage.tvset.TestTV

程序运行结果：

由职业学院设备厂制造的学院牌 24 英寸电视已被制造。该电视的编号为 2011061501
由职业学院设备厂制造的学院牌 29 英寸电视已被制造。该电视的编号为 2011061502
由职业学院设备厂制造的学院牌 34 英寸电视已被制造。该电视的编号为 2011061503
电视已被打开
电视已被切换到 CCTV5 频道
电视音量被调高

```
tv1 处于打开状态
tv2 处于关闭状态
tv2 的大小为 29 英寸
tv2 的编号为 2011061502
tv3 的编号为 2011061503
```

在这个例子中创建了包 mypackage.tvset，并编写了功能类 TvSet 和运行测试类 Test。在类 TvSet 中定义了所用的成员变量，其中厂家和品牌被定义成常量，定义的类变量 number 用于实现自动编号。考虑到程序的安全性，所有变量均被定义为 private，避免对成员变量的非法访问。所有实现操作功能的方法均定义为 public，以提供外部访问接口，实现类之间的消息传递。但方法 setNumber 用于产生自动编号，无须从外部访问，并且该方法需要访问类变量 number，因此被定义为 private static。在构造方法中，使用参数 size 为类的成员变量 size 赋值，调用方法 setNumber 以实现自动编号。

实现自动编号时需要获取当前日期，为此，程序引入了 java.util 包中的 Date 类，并通过其方法 getDate、getMonth、getYear 获取当前日期。由于这些方法的返回值类型均为 int 类型，因此通过 Integer 类的 toString 方法将其转换为 String 类型。Integer 类是 java.lang 包中的类，因此无须引入，可直接使用。

getMonth( )方法的返回值为 0～11，用来表示 12 个月，因此需要加 1 后再使用。为了使编号位数一致，在 1～9 月的月份前面加上 "0"。实现自动编号时，对 number 的赋值分为两种情况：如果是当天生产的第一台电视机，则 number 被赋值为当前日期后面加上 01；如果 number 已有值，表明这不是当天生产的第一台电视机，则将 number 自动加 1 的值作为其编号。

【例 3.20】 在编译时会出现 "uses or overrides a deprecated API" 的提示信息，含义为 "TestTV.java 使用或覆盖了已过时的 API"。原因是 Date 类的方法 getDate、getMonth、getYear 尽管方便，但目前不再是 Java 所推荐的方法。要消除这种情况，可采用 java.util 包中的 Calendar 类，即将 "import java.util.Date;" 改为 "import java.util.Calendar;"，引入 java.util.Calendar 类。

将 setNumber( )方法改为：

```
private static void setNumber( ){
    String datenumber;
    Calendar d=Calendar.getInstance();
    String day=Integer.toString(d.get(Calendar.DAY_OF_MONTH) );
    String month=(d.get(Calendar.MONTH)<9)?"0"
        +Integer.toString(d.get(Calendar.MONTH)+1)
        :Integer.toString (d.get(Calendar.MONTH)+1);
    String year=Integer.toString(d.get(Calendar.YEAR));
    datenumber=year+month+day;
    number= (number==0)?Integer.parseInt(datenumber+"01"):number+1;
}
```

读者可自己修改并运行测试。

小 结

Java 通过类和对象来组织和构建程序。类包括类的声明和类的主体。类的声明使用如下格式：

[修饰符] class <类名> [extends 父类名] [implements 接口名]

其中的修饰符确定了类的特性和访问权限。abstract 类是抽象类，final 类是最终类，public 具有公共访问权限，默认类具有包的访问权限。

类的主体包括成员变量和成员方法，声明成员变量的格式为：

[修饰符] <变量类型> <变量名>

声明成员方法的格式为：

<修饰符> <返回值类型> <方法名> ([参数列表]) [throws <异常列表>]

变量和方法的修饰符用以表明其特性。public 表明该成员可以被任何类访问，private 表明该成员只能被该类所访问，protected 表明该成员可以被同一包中的所有类及其他包中该类的子类所访问，final 表明该成员是不可改变的，static 表明该成员是类的成员或者说是一个静态成员，是一个类的所有对象共同拥有的。没有任何修饰符则为默认访问权限，表明该成员可以被同一包中的所有类所访问。abstract 表明此方法是抽象的，必须被覆盖。

类的主体中还包括一个与类名相同无返回值的特殊方法，这就是构造方法。构造方法用来对对象进行初始化。Java 虚拟机会自动为类生成一个无参数的默认构造方法，但如果在程序中定义了一个或多个构造方法，则会屏蔽掉默认的构造方法。

有些方法在使用时需要为其传送参数，this 引用可以把当前对象作为参数传递到方法中。

类设计好以后，就可以用来定义对象，其格式为：

<类名> <对象名> = new <类名> ([<参数列表>])

对象是一种引用类型，存放的是实际对象的内存地址。使用对象名来访问对象的成员变量和成员方法，以完成对对象的操作，实现程序的功能。通常对对象的成员变量和成员方法的访问要使用成员运算符"."。

包是类的组织结构。创建包使用 package 语句，并且要作为源文件的第一句。引入包使用 import 语句，它紧接在 package 语句后面(如果 package 语句存在)。包主要用来管理 Java 中的类并提供访问控制权限。

习 题

1. 什么是引用类型，对象是引用类型吗？
2. Java 的访问权限修饰符有哪几种，各自的访问权限是什么？
3. 什么是类成员，什么是实例成员？它们之间有什么区别？
4. 如何创建自己的包，如何引入包？

5．下面哪一个是类 Myclass 的构造方法？

```
class Myclass{
    public void Myclass(){}
    public static Myclass(){}
    public Myclass(){}
    public static void Myclass(){}
}
```

6．设计一个动物类，它包含动物的基本属性，例如名称、身长、重量等，并设计相应的动作，例如跑、跳、走等。

7．设计 Point 类用来定义平面上的一个点，用构造方法传递坐标位置。编写测试类，实现 Point 类。

8．编写程序说明静态成员和实例成员之间的区别。

9．设计一个长方形类，成员变量包括长和宽。类中有计算面积和周长的方法，并提供相应的 set 方法和 get 方法设置和获得长和宽。编写测试类测试是否达到预定功能。要求使用自定义的包。

10．设计雇员 Employee 类，记录雇员的情况，包括姓名、年薪、受雇时间，要求定义 MyDate 类作为受雇时间，其中包括工作的年、月、日，并用相应的方法对 Employee 类进行设置。编写测试类测试 Employee 类。要求使用自己的包。

第 4 章　继承与多态

教学目标：通过本章学习，理解继承、多态、接口的概念，掌握它们在 Java 中的实现。

教学要求：

知识要点	能力要求	关联知识
继承的实现	(1) 理解继承的特性 (2) 掌握 Java 实现继承的方式 (3) 掌握变量、方法、构造方法继承的实现	继承、单继承、父类和子类对象的转换
方法覆盖	(1) 掌握方法覆盖的用法 (2) 掌握 super 引用的使用方法	方法覆盖、super 引用
方法重载	(1) 掌握方法重载的实现方式 (2) 理解构造方法重载的作用 (3) 理解多态的概念	重载、覆盖、多态
抽象类	(1) 理解抽象类的作用 (2) 掌握抽象类的定义及使用方法	abstract
最终类	掌握最终类的定义及作用	final
接口	(1) 理解接口的作用 (2) 掌握接口的使用方法 (3) 理解接口与抽象类之间的区别	implements、接口、多继承

重点难点：
- 继承与多态特性的作用与实现
- 通过方法覆盖与方法重载实现多态
- 构造方法重载
- 抽象类与接口的使用

4.1　继承和多态的概念

第 3 章介绍了面向对象程序设计的封装特性，另外两个重要的特性是继承和多态。它们是面向对象编程中实现代码复用、增强程序灵活性的关键技术。

4.1.1　继承的概念

继承实际上是存在于面向对象程序中的两个类之间的一种关系。当一个类 A 能够获取另一个类 B 中所有非私有的数据和操作的定义作为自己的部分或全部成分时，就称这两个类之间具有继承关系。被继承的类 B 称为父类或超类，继承了父类或超类的数据和操作的类 A 称为子类。

一个父类可以同时拥有多个子类,这时,这个父类实际上是所有子类的公共域和公共方法的集合,而每一子类则是父类的特殊化,是在父类的基础之上对公共域和方法在功能、内涵方面的扩展和延伸。使用继承具有以下好处:降低了代码编写中的冗余度,更好地实现了代码复用的功能,提高了程序编写的效率,使得程序在维护时变得非常方便。

现以电话卡为例进一步说明继承的优势。例如要实现对各种电话卡的管理,定义相应的卡类,通过两种方法来实现:第一种方法是对每一种卡都分别独立定义一个类,如图 4.1 所示;第二种方法是使用继承来定义相应的类,各种电话卡类的层次结构、域(变量)和方法如图 4.2 所示。

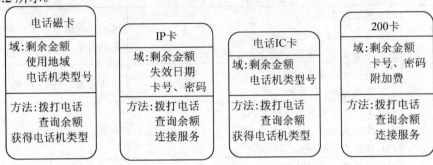

图 4.1 独立定义的电话卡类

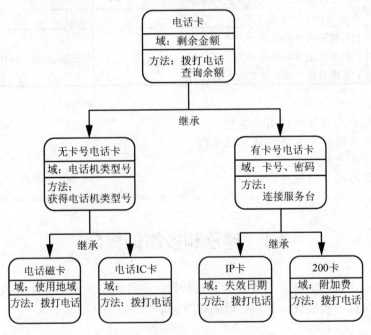

图 4.2 使用继承定义的电话卡类

从图 4.1 中可以看出,第一种方法定义的各类是相互独立的,所以在每一个电话卡类中都定义了其变量或方法,这样的定义就显得非常冗余,大量地重复一些共有的成员,同时,后期的维护工作也非常繁琐。例如在程序中需要修改"剩余金额"这个域的数据类型,那么应对所有具有"剩余金额"变量的类都进行修改,工作量是非常大的,而且还容易因疏漏而出现错误。图 4.2 所示的第二种实现方案使用了继承的思想来定义类，就能很好地解决第一种方法中出现的问题。它仅在抽象的电话卡父类中定义剩余金额域，其他类则从它那里继承，因此第二种方案相对于第一种方案来说，代码量少了若干倍。同时，当公共属性发生改变时，第二种方案只需要在父类中修改一次即可，不但维护的工作量大大减少，而且也避免了在第一种方案中可能出现的修改遗漏。

使用面向对象的这种继承关系实际上很符合人们的日常思维模式。电话卡分为无卡号、有卡号两大类，无卡号的电话卡可以具体分为磁卡、IC 卡等，有卡号的电话卡可具体分为 IP 电话卡和 200 电话卡等。其中，电话卡这个抽象概念对应的电话卡类是所有其他类的父类，它是所有电话卡的公共属性的集合。公共属性包括卡中剩余金额等静态的数据属性，以及拨打电话、查询余额等动态的行为属性。将电话卡具体化、特殊化，就分别派生出两个子类：无卡号电话卡和有卡号电话卡。这两个子类一方面继承了父类电话卡的所有属性(包括变量与方法)，即它们也拥有剩余金额、拨打电话、查询余额等数据和操作，另一方面它们又根据自己对原有的父类概念的明确和限定，专门定义了适用于本类特殊需要的特殊属性，如对于所有的有卡号电话卡，应该有卡号、密码等域和登录交换机的行为，这些属性对无卡号电话卡是不适合的。从有卡号电话卡到 IP 电话卡和 200 电话卡的继承遵循完全相同的原则。

在面向对象的继承特性中，还有一个关于单重继承和多重继承的概念。所谓单重继承，是指任何一个类都只有一个单一的父类；而多重继承是指一个类可以有一个以上的父类，它的静态数据属性和操作从所有这些父类中继承。采用单重继承的程序结构比较简单，是单纯的树状结构，掌握、控制起来相对容易；而支持多重继承的程序，其结构则是复杂的网状，设计、实现都比较复杂。Java 语言仅支持类的单重继承，但可以通过接口来实现多重继承的功能，关于接口的知识将在后面进行介绍。

4.1.2 多态的概念

所谓多态，是指一个程序中同名的不同方法共存的情况。在面向对象的程序中多态的情况有两种，一是通过子类对父类成员的覆盖实现多态，二是利用同一个类中方法的重载实现多态。

程序中会有很多的方法，方法如果重名，在调用时就会产生歧义和错误。而在面向对象的程序设计中，有时需要利用这样的"重名"机制来提高程序的抽象度和简洁性。考察图 4.2 中的电话卡结构树，"拨打电话"是所有电话卡都具有的操作，但是不同的电话卡"拨打电话"操作的具体实现是不同的。如磁卡的"拨打电话"是"找到磁卡电话机直接拨号打电话"，200 卡的"拨打电话"是"通过双音频电话机拨通服务台，先输入卡号、密码后再拨号打电话"。功能相同的程序不能用同样的名字，必须分别定义"磁卡拨打电话"、"200 卡拨打电话"等多个方法。这样一来，继承的优势就荡然无存了。在面向对象的程序设计中，为了解决这个问题，引入了多态的概念。

4.2 类的继承

在面向对象的程序设计中，通过继承可以提高程序的抽象程度，使之更接近于人类的思维方式，同时也可以提高程序的开发效率，减少维护的工作量。

4.2.1 继承的实现

继承的实现主要包括以下几个步骤。

(1) 确定父类。抽象所有公共的属性和方法作为父类的成员，以便将来子类继承使用。

(2) 定义子类。子类可以从父类那里继承所有非私有(非 private)的属性和方法作为自己的成员。在定义子类时使用 extends 关键字指明其父类，就可以在两个类之间建立继承关系了。它的具体语法是：

[类修饰符] class 子类名 extends 父类名

如果父类和子类不在同一个包中，则需要使用"import"语句来引入父类所在的包。

(3) 实现子类的功能。子类具体要实现的功能由类体中相应的属性和方法来实现，它们的编写和一般的类是完全相同的，这里就不再重复了。

下面给出一个简单的例子。

【例 4.1】 继承的示例。

```
class A{
    public int a1;
    private float a2;
    int getA() { return(a1); }
    void setA() { }
}
class B extends A {
    int b1;
    String b2;
    String getB() { return(b2); }
}
class C extends B {
    int c;
    int printC(){
        System.out.println(c);
    }
}
```

在例 4.1 中，B 类继承了 A 类，C 类又继承了 B 类，将 A 类和 B 类都称为 C 类的父类，相对而言 B 类和 C 类都是 A 类的子类。可以看到，继承可以根据需要不断地延续下去，就像人类一样子子孙孙不断繁衍。

4.2.2 属性和方法的继承

新定义的子类可以从父类那里自动继承所有非 private 的属性和方法作为自己的成员。同时根据需要再加入一些自己的属性或方法。例如，例 4.1 中各类拥有的数据成员见表 4-1。

表 4-1 例 4.1 中各类拥有的成员

类		拥有的数据成员	
A 类	属性:	int a1	
		float a2	//类 A 的私有属性
	方法:	int getA()	
		void setA()	
B 类	属性:	int a1	//继承自父类 A
		int b1	
		String b2	
	方法:	int getA()	//继承自父类 A
		void setA()	//继承自父类 A
		String getB()	
C 类	属性:	int a1	//继承自父类 A
		int b1	//继承自父类 B
		String b2	//继承自父类 B
		int c	
	方法:	int getA()	//继承自父类 A
		void setA()	//继承自父类 A
		String getB()	//继承自父类 B
		int printC()	

可见父类的所有非私有成员实际上是各子类都拥有的集合的一部分。子类从父类继承成员而不是把父类的数据成员复制一遍，这样做的好处是减少程序维护的工作量。从父类继承来的成员就成为子类所有成员的一部分，子类可以使用它，见例 4.2。

【例 4.2】 子类继承父类成员示例。

```
public class ExtendsExam1 {
    public static void main(String [] args) {
        subclass e = new subclass();
        e.x=1;
        e.z="Hello! ";
        e.setA();
        System.out.println(" 调用方法 getX()的结果: " + e.getX());
        System.out.println(" 调用方法 getZ()的结果: " + e.getZ());
        System.out.println(" 调用方法 getA()的结果: " + e.getA());
    }
}
class superclass {
    public int x;
    private float y;
```

```
        String z;
        int getX() {
            return(x);
        }
        String getZ() {
            return(z);
        }
    }
    class subclass extends superclass {
        private int a;
        void setA() {
            a=2;
        }
        int getA() {
            return(a);
        }
    }.
```

运行结果如图 4.3 所示。

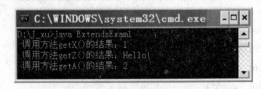

图 4.3 例 4.2 的运行结果

从例 4.2 中可以看到，由于子类 subclass 继承了父类 superclass，所以子类 subclass 中所拥有的数据成员包括：子类 subclass 自身定义的属性 a 和方法 getA()，同时还有从父类中继承而来的非私有数据成员，即属性 x、z 和方法 getX()，子类 subclass 完全可以使用继承的数据成员。但是父类 superclass 中的属性 y 是一个私有数据成员，不能被继承到子类 subclass 中。如果在子类的对象中使用该属性，就会出现错误，读者可自己试验。

4.2.3 父类对象与子类对象的转换

类似于基本数据类型数据之间的强制类型转换，存在继承关系的父类对象和子类对象之间也可以在一定条件下相互转换。父类对象和子类对象的转换需要注意如下原则。

(1) 子类对象可以被视为其父类的一个对象。

(2) 父类对象不能被当做其某一个子类的对象。

(3) 如果一个方法的形式参数定义的是父类对象，那么调用这个方法时，可以使用子类对象作为实际参数。

(4) 如果父类对象引用指向的实际上是一个子类对象(在之前的某个时候根据这一点把子类对象的引用赋值给这个父类对象的引用)，那么这个父类对象的引用可以通过强制类型转换转换成子类对象的引用。

【例 4.3】 父子类对象转换示例。

```
class superclass {                          //定义父类
   int x;
}
class subclass extends superclass {         //定义子类
   int y;
   char ch;
}
public class testclass {                    //使用父类与子类
   public static void main(String [] args) {
      superclass sp, sp_ref;
      subclass sb, sb_ref;
      sp=new superclass();
      sb=new subclass();
      sb.x=1;
      sb.y=2;
      sp_ref=sb;                            //父类引用可以指向子类对象
      sb_ref=(subclass)sp_ref;              //父类引用转换成子类引用
      System.out.println ("父类引用可以指向子类对象"+sp_ref.x);
      sb.x=10;
      System.out.println ("父类引用可以指向子类对象:"+sb_ref.x);
      System.out.println ("父类引用转换成子类引用:"+sb_ref.y);
   }
}
```

程序运行结果：

```
父类引用可以指向子类对象1
父类引用可以指向子类对象:10
父类引用转换成子类引用:2
```

4.2.4 构造方法的继承

构造方法是与类同名的特殊方法，在创建一个对象的同时系统将会调用该类的构造方法完成对象的初始化工作。所以，在实现继承关系时，系统对它的处理和其他一般方法就有所不同了。子类可以继承父类的构造方法，构造方法的继承遵循下列的原则。

(1) 子类无条件地继承父类的无参数构造方法。

(2) 如果子类自己没有构造方法，则它将继承父类的无参数构造方法作为自己的构造方法；如果子类自己定义了构造方法，则在创建新对象时，它将先执行继承父类的无参数构造方法，然后再执行自己的构造方法。

(3) 对于父类的含参数构造方法，子类可以通过在自己的构造方法中使用"super"关键字来调用它，但这个调用语句必须是子类构造方法的第一条可执行语句。

【例 4.4】 构造方法的继承问题。

```java
public class ExtendsExam2 {
   public static void main(String [] args){
        Son son=new Son();
     }
}
class Father {
   public Father(){
      System.out.println ("创建父类……");
   }
   /*public Father(String name){
      System.out.println ("创建父类,名字为"+name);
   }*/
}
class Son extends Father {
   public Son() {
       //super("Tom");
       System.out.println ("创建子类……");
   }
}
```

在这个例子中,父类有一个无参构造方法,在创建子类的对象 son 时,会首先调用父类的无参构造方法,输出"创建父类……"后,再输出"创建子类……"。但如果将父类的无参构造方法注释掉,改为有参数的构造方法,此时程序编译就会出错,提示"找不到符号"错误,其原因是创建子类对象时,找不到父类的无参构造方法,修正这个错误很简单,只需要在子类的构造方法中加入 super 引用就可以了,如使用"super("Tom");"语句调用父类的含参构造方法就可以先创建父类再创建出子类,程序就不会出问题了,如图 4.4 所示。

图 4.4 例 4.4 的运行结果

4.3 类成员的覆盖

在面向对象程序设计中，覆盖是实现多态的一种常见方式。通过覆盖，可以在一个子类中对从父类继承而来的类成员重新进行定义，满足程序设计的需要。

4.3.1 覆盖的概念

在程序设计过程中，通过继承可以将父类中的非私有类成员应用到自己定义的子类中。但是，不是所有继承下来的类成员都是所需要的，这时候可以通过使用覆盖的方式来解决这个问题。

子类对继承自父类的类成员重新进行定义，就称为覆盖。要进行覆盖，就是在子类中对需要覆盖的类成员以父类中相同的格式再重新声明定义一次，这样就可以对继承下来的类成员进行功能的重新实现，从而达到程序设计的要求。

4.3.2 域隐藏的使用

子类重新定义一个与从父类那里继承来的成员变量完全相同的变量，称为变量的隐藏，或者叫做域隐藏。

【例 4.5】 隐藏父类变量。

```
class A {
  public int a1;
  private float a2;
  int getA() { return(a1); }
  void setA(){}
}
class B extends A {
  int b1;
  String b2;
  String getB() { return(b2); }
}
class C extends B {
  int c;
  public int a1;
  int printC() {System.out.println(c); return(c); }
}
```

这样在经过修改后的程序中，C 类拥有的属性为：

```
int a1           //继承自父类 A
int a1           //C 类自己定义的属性
int b1           //继承自父类 B
String b2        //继承自父类 B
int c            //C 类自己定义的属性
```

这时，在子类中定义了与父类同名的成员变量，即出现了子类变量对同名父类变量的隐藏。这里所谓的隐藏是指子类拥有了两个相同名字的变量 int a1，一个继承自父类，另一个由自己定义。

在程序运行过程中，当子类执行继承自父类的操作时，处理的是继承自父类的变量，而当子类执行它自己定义的方法时，所操作的就是它自己定义的变量，而把继承自父类的变量"隐藏"起来，见例 4.6。

【例 4.6】 使用被隐藏的父类变量。

```java
public class ExtendsExam3 {
    public static void main(String [] args) {
        subclass e=new subclass();
        System.out.println(" Sup_getX()方法结果: "+e.Sup_getX());
        System.out.println(" Sub_getX()方法结果: "+e.Sub_getX());
    }
}
class superclass {
    public int x=10;
    int Sup_getX() {
        return(x);
    }
}
class subclass extends superclass {
    private int x=20;
    int Sub_getX() {
        return(x);
    }
}
```

运行结果如图 4.5 所示。

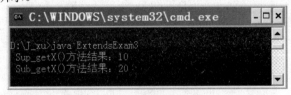

图 4.5 例 4.6 的运行结果

从例 4.6 中可以看到，subclass 类的 e 对象调用父类的 Sup_getX 方法时，处理的成员变量为父类中定义的 x，所以第一行的输出结果为 10；而在调用自身定义的 Sub_getX 方法时，处理的成员变量是子类中定义的 x，所以第二行的输出结果为 20。

"变量的隐藏"这种覆盖形式，并没有真的"覆盖"掉父类的成员变量，它们仍然存在，只是在子类对象中不能再直接使用了。

4.3.3 方法覆盖的使用

正像子类可以定义与父类同名的成员变量，实现对父类成员变量的隐藏一样，子类也可以重新定义与父类同名的方法，实现对父类方法的覆盖。

要进行覆盖，就是在子类中对需要覆盖的成员方法以父类中相同的格式，再重新声明定义一次。通过覆盖，可以在一个子类中将从父类继承下来的成员方法进行功能的重新实现，从而满足程序设计的要求。

方法的覆盖，使得父类中的同名方法在子类对象中不可见；成员变量的隐藏，使得父类中的同名变量在子类对象中不可见。两者不同之处在于：被隐藏的父类中的变量在子类对象中仍然占有自己的独立存储空间，而被覆盖的父类中的方法在子类对象中被新方法完全取代，不占据子类的存储空间。

在覆盖多态中，由于同名的不同方法是存在于不同的类中的，所以需在调用方法时指明调用的是哪个类的方法，从而可以很容易地把它们区分开来，见例 4.7。

【例 4.7】 方法的覆盖。

```java
class superClass{
    void superPrint(){
        System.out.println("This is superClass!");
    }
}
class subClass extends superClass{
    void superPrint(){                  //此方法将覆盖其父类中的superPrint方法
        System.out.println("This is subClass!");
    }
}
public class myInherit{
    public static void main(String args[]){
        subClass subObject = new subClass();
        subObject.superPrint();      //子类对象调用子类的方法
        superClass superObject = new superClass();
        superObject.superPrint();    //父类对象调用父类的方法
    }
}
```

运行结果如图 4.6 所示。

图 4.6 例 4.7 的运行结果

在方法的覆盖中需要注意的问题是：子类在重新定义父类已有的方法时，应保持与父类方法完全相同的方法头声明，即应与父类方法有完全相同的方法名、返回值和参数列表，否则就不是方法的覆盖，而是子类定义的与父类无关的方法，父类的方法未被覆盖，所以仍然存在。

4.3.4 super 引用

相对 this 来说，super 表示的是当前类的直接父类对象，是对当前对象的直接父类对象的引用。所谓直接父类是相对于当前类的其他"祖先"类而言的。例如，假设 A 类派生出子类 B，B 类又派生出自己的子类 C，则 B 是 C 的直接父类，而 A 是 C 的祖先类。super 代表的就是直接父类，从而可以比较简便、直观地在子类中引用直接父类中的相应属性或方法。

【例 4.8】 使用 super 表示当前类的直接父类对象。

```java
public class ExtendsExam4 {
    public static void main(String [] args) {
        subclass e=new subclass();
        e.Sub_printX();
    }
}
class superclass {
    public int x=10;
    int Sup_getX() {
        return(x);
    }
    void Sup_printX() {
        System.out.println("Sup_printX()方法结果: "+ Sup_getX());
    }
}
class subclass extends superclass {
    private int x=20;
    int Sub_getX() {
        return(super.x);     //使用直接父类中的成员变量 x
    }
    void Sub_printX() {
        System.out.println("Sub_getX()方法结果: "+Sup_getX());
        super. Sup_printX();
    }
}
```

例 4.8 的运行结果如图 4.7 所示。

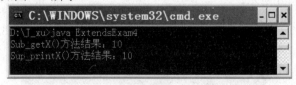

图 4.7　例 4.8 的运行结果

从例 4.8 中可以看到，subclass 类的 e 对象调用父类的 Sup-getX 方法时，处理的成员变量为父类中定义的 x，所以第一行的输出结果为 10；而在调用自身定义的 Sub-getX 方法时，通过使用 super 指定处理的成员变量 x 为父类中声明定义的成员变量 x，所以第二行的输出结果为 10。

> **注意：** this 和 super 是类的有特指的引用，只能用来代表当前对象和当前对象的父对象，而不能像其他类的属性一样随意引用。调用当前父类中一般的方法，使用 super.方法名(参数); 的方式。而下面语句中的用法是错误的：
> subclass e=new subclass();
> System.out.println(" Sup_getX()方法结果："+e.super.Sup_getX());   //错误
> System.out.println(" Sub_getX()方法结果："+e.this.Sub_getX());   //错误
> 除了用来指代当前对象或父类对象的引用外，this 和 super 还有一个重要的用法，就是调用当前对象或父类对象的构造方法。

4.4 方法重载

方法的重载是实现多态技术的重要手段。与方法的覆盖不同，它不是子类对父类同名方法的重新定义，而是一个类中对自身已有的同名方法的重新定义。

4.4.1 方法的重载

在 Java 中，同一个类中的两个或两个以上的方法可以有相同的名字，只要它们的参数声明不同即可，这种情况称为方法重载(method overloading)。

方法重载是 Java 实现多态性的一种方式。如果以前从来没有使用过一种允许方法重载的语言，对于这个概念最初可能会觉得有点奇怪。这些方法同名是因为它们的最终功能和目的都相同，但是由于在完成同一功能时，可能遇到不同的具体情况，所以需要定义含不同具体内容的方法，来代表多种具体实现形式。

例如，一个类需要具有打印的功能，而打印是一个很广泛的概念，对应的具体情况和操作有多种，如实数打印、整数打印、字符打印、分行打印等。为了使打印功能完整，在这个类中就可以定义若干个名称都为 myprint 的方法，每个方法用来完成一种不同于其他方法的具体打印操作，处理一种具体的打印情况。其方法重载可按如下格式使用：

```
public void myprint (float f)
public void myprint (int i)
public void myprint (char c)
public void myprint ()
```

当一个重载方法被调用时，Java 根据参数的类型、参数的个数、参数的顺序来确定实际调用的是重载方法的哪一个版本，只有形式参数与调用参数相匹配的方法被执行。

虽然每个方法可以有不同的返回类型，但在 Java 中，返回类型并不足以区分所使用的是哪个方法。因此方法重载的要点是：方法具有相同的修饰、返回值类型、方法名，但方法的参数表不同(参数的类型、个数、顺序不同)。例如 void get(int i)、void get(String s)、void get(int i,String s)、void get(String s,int i)都是重载的方法。

【例 4.9】 重载方法 print，并根据参数类型的不同决定调用哪一个。

```
public class OverloadExam {
    public static void print(String str) {
        System.out.println("String="+str);
    }
    public static void print(int i) {
        System.out.println("int="+i);
    }
    public static void main(String [] args) {
        print("123");
        print(123);
    }
}
```

例 4.9 的运行结果如图 4.8 所示。

图 4.8　例 4.9 的运行结果

4.4.2　构造方法的重载

构造方法也可以重载。一个类拥有多个构造方法，就可以方便地以多种形式创建对象。

【例 4.10】 构造方法的重载。

```
class Xyz {
        public Xyz() { }         //无参数的构造方法
        public Xyz(int x) { }    //整型参数的构造方法
}
```

注意由于采用了重载构造方法，当发出 new Xyz(参数表)调用的时候，由传递到 new 语句中的参数表决定采用哪个构造方法，即：

```
Xyz One=new Xyz();          //调用无参数的构造方法，创建对象 One
Xyz Two=new Xyz(20);        //调用整型的构造方法，创建对象 Two
```

如果有一个类带有几个构造方法，那么就可以通过使用关键字 this 作为一个方法调用，将一个构造方法的全部功能复制到另一个构造方法中，实现部分功能，避免重复编写代码。需要注意的是，通过 this 的任何调用在任何构造方法中必须是第一条语句。

【例 4.11】 在构造方法中使用关键字 this。

```
public class Employee {
    private String name;
    private int salary;
    public Employee(String n, int s) {
```

```
            name = n;
            salary = s;
        }
        public Employee(String n){
            this(n, 0);
        }
        public Employee(){
            this( "Unknown" );
        }
    }
```

在第二个构造方法中只有一个字符串参数,调用 this(n,0)将控制权传递到构造方法的第一个版本,即采用了一个 String 参数和一个 int 参数的构造方法中。在第三个构造方法中,它没有参数,调用 this("Unknownn")将控制权传递到构造方法的第二个版本,即采用了一个 String 参数的构造方法中,最终归于第一个版本。

4.5 抽象类和最终类

4.5.1 抽象类

类是对对象的抽象,有时需要对类进行抽象,比如有些类具有共同的特性和功能,可以把这些共同的东西抽象出来组织成一个类,让其他类继承这个类,这样就可以简化代码的设计了。有些时候这些具有相同功能的类可能根本不相关,功能的具体实现也有很大差别,做普通类的继承不能达到要求,此时就需要一种更高级别的抽象,在 Java 中使用抽象类来实现这种抽象。

举例来说,假设"鸟"是一个类,它代表了所有鸟的共同属性及其动作,任何一只具体的鸟儿都同时是由"鸟"经过特殊化形成的某个子类的对象,比如"鸟"可以派生出"鸽子"、"燕子"、"麻雀"、"天鹅"等具体的鸟类。但是现实中并不会存在一只实实在在的鸟,它既不是鸽子,也不是燕子或麻雀,更不是天鹅。这只"鸟"仅仅是一只抽象的"鸟",这就是抽象类的概念。有了"鸟"这个抽象类,在描述和处理某一种具体的鸟时,就只需要简单地描述出它与其他鸟类所不同的特殊之处,而不必再重复它与其他鸟类相同的特点。比如可以这样描述"燕子"这种鸟——"燕子是一种长着剪刀似的尾巴,喜在屋檐下筑窝的鸟"。这种组织方式使得所有的概念层次分明,描述方便简单,符合人们的思维习惯。

在 Java 中定义抽象类是出于相同的考虑。由于抽象类是它的所有子类的公共属性的集合,所以使用抽象类的一大优点就是可以充分利用这些公共属性来提高开发和维护程序的效率。

在 Java 中,凡是用修饰符 abstract 修饰的类称为抽象类。它和一般类的不同之处有以下几点。

(1) 如果在一个类中含有未实现的抽象方法,那么这个类必须使用 abstract 声明为抽象类。

(2) 抽象类中可以包含抽象方法,但不是一定要包含抽象方法。它也可以包含非抽象方法和域变量,就像一般类一样。

(3) 抽象类是没有具体对象的概念类,也就是说抽象类不能实例化为对象。
(4) 抽象类的子类必须为父类中的所有抽象方法提供实现,否则它们也是抽象类。
定义一个抽象类的格式如下:

```
abstract class ClassName
{
    ……                              //类的主体部分
}
```

抽象方法是指使用 abstract 关键字修饰的、没有方法体的方法,其格式为:

```
[修饰符] abstract 返回值类型  方法名(参数列表);
```

注意:抽象方法是没有方法体的,甚至连方法体的花括号也没有。

【例 4.12】抽象类示例。

```
abstract class fatherClass {            //抽象类
    abstract void abstractMethod();     //抽象方法
    void printMethod() {
        System.out.println("fatherClass function! ");
    }
}
class childClass extends fatherClass {
    void abstractMethod() {
        System.out.println("childClass function! ");
    }
}
public class mainClass {
    public static void main(String args[]) {
        childClass obj=new childClass();
        obj.printMethod();
        obj.abstractMethod();
    }
}
```

例 4.12 的运行结果如图 4.9 所示。

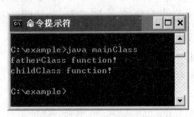

图 4.9 例 4.12 的运行结果

在例 4.12 的程序中,首先定义了一个抽象类 fatherClass,在这个抽象类中声明了一个抽象方法 abstractMethod 和一个非抽象方法 printMethod;接着定义了 fatherClass 的子类 childClass,在 childClass 中重写了 abstractMethod 方法;随后在主类 mainClass 中生成类 childClass 的一个实例。

4.5.2 最终类

如果一个类被 final 修饰符所修饰,说明这个类不可能有子类,这样的类就称为最终类。最终类不能被别的类继承,它的方法也不能被覆盖。由 final 定义的类通常是一些有固定作用、用来完成某种标准功能的类。如 Java 系统定义好的用来实现网络功能的 InetAddress、Socket 等类都是 final 类。在 Java 程序中,当通过类名引用一个类或其对象时,实际上真正引用的既可能是这个类或其对象本身,也可能是这个类的某个子类及子类的对象,即具有一定的不确定性。将一个类定义为 final 则可以将它的内容、属性和功能固定下来,与它的类名形成稳定的映射关系,从而保证引用这个类时所实现的功能正确无误。

注意:abstract 和 final 修饰符不能同时修饰一个类,因为 abstract 类自身没有具体对象,需要派生出子类后再创建子类的对象,而 final 类不可能有子类,这样 abstract final 类就无法使用,也就没有意义了。

4.6 接 口

4.6.1 接口的定义

Java 中的接口是对类的进一步抽象,是一种比抽象类更高层次的抽象。若在一个类中被抽象的只剩下了抽象方法和一些常量,此时可以把这个类声明为一个接口。可以说接口是一个完全抽象类。在接口中只能定义常量和抽象方法,并且它们默认都具有 public 修饰符。所以,接口定义的仅仅是实现某一特定功能的一组对外的规范,而并没有真正实现这个功能。这个功能的真正实现是在"继承"这个接口的各个类中完成的,要由这些类来具体定义接口中各抽象方法的方法体。

在 Java 中声明接口的语法格式如下:

```
[public] interface 接口名 [extends 父接口名列表]
{ //以下是接口体
  //常量域声明
  [public] [static] [final] 域类型 域名=常量值;
  ……
  //抽象方法声明
  [public] [abstract] [native] 返回值 方法名(参数列表)[throw 异常列表];
  ……
}
```

interface 是声明接口的关键字,给出所定义的接口的名称,这个名称应该符合 Java 对标识符的规定。与类定义相仿,声明接口时也需要给出访问控制符:用 public 修饰的接口是公共接口,可以被所有的类和接口使用;而没有 public 修饰符的接口,则只能被同一个包中的其他类和接口使用。与类相仿,接口也具有继承性。定义一个接口时可以通过 extends 关键字声明该新接口是某个已经存在的父接口的派生接口,它将继承父接口的所有属性和方法。与类的继承不同的是，一个接口可以有一个以上的父接口，它们之间用逗号分隔，形成父接口列表。新接口将继承所有父接口中的属性和方法。

接口体由两个部分组成：一部分是对接口中域变量(属性)的声明，另一部分是对接口中方法的声明。接口中的所有域变量都必须是 public static final，这是系统默认的规定，所以接口属性也可以没有任何修饰符，其效果完全相同。接口中的所有方法都必须是默认的 public abstract，无论是否有修饰符显式地限定它。在接口中只能给出这些抽象方法的方法名、返回值类型和参数列表，而不能定义方法体。

定义接口可归纳为如下几点。

(1) 在 Java 中接口是一种专门的类型。用 interface 关键字定义接口。
(2) 在接口中只能定义抽象方法，不能有方法体，一定是由 public abstract 修饰的。
(3) 在接口中可以定义变量，但实际上是由 public static final 修饰的常量。
(4) 在接口中不能定义静态方法。

从语法规定可以看出，定义接口与定义类非常相似。实际上完全可以把接口理解成为由常量和抽象方法组成的特殊类。一个类只能有一个父类，但是类可以同时实现若干个接口。在这种情况下如果把接口理解成特殊的类，那么这个类利用接口实际上就获得了多个父类，即间接地实现了多重继承。

【例 4.13】 接口示例。

```java
public interface Sup_InterfaceExam {        //定义接口 Sup_InterfaceExam
    public static final int x=20;           //常量 x
    int y=30;                               //常量 y，隐含地使用 public static final 修饰
    public void z();                        //抽象方法 z()，隐含地使用 public abstract 修饰
    public abstract int getz();             //抽象方法 getz()
}
public interface Sub_InterfaceExam extends Sup_InterfaceExam {
//定义接口 Sub_InterfaceExam，它继承自接口 Sup_InterfaceExam
    public static final int a=100;
    int b=200;
    public void c();
    public abstract int getc();
}
```

了解接口与抽象类的区别是相当重要的，它们之间的区别如下。

(1) 接口不能包含任何可以执行的方法，而抽象类可以。
(2) 类可以实现多个接口，但只有一个父类。
(3) 接口不是类分级结构的一部分，而没有联系的类可以执行相同的接口。

4.6.2 接口的实现

接口的声明仅仅给出了抽象方法，相当于程序开发早期的一组协议，而要具体地实现接口所规定的功能，则需某个类为接口中的抽象方法书写语句并定义实在的方法体，称为

实现这个接口。如果一个类要实现一个接口，那么这个类就提供了实现定义在接口中的所有抽象方法的方法体。

为一个类实现接口时，应注意以下问题。

(1) 在类的声明部分，用 implements 关键字声明该类将要实现哪些接口。

(2) 如果实现某接口的类不是 abstract 抽象类，则在类的定义部分必须实现指定接口的所有抽象方法，即为所有抽象方法定义方法体，而且方法头部分应该与接口中的定义完全一致，即有完全相同的返回值、方法名和参数列表。

(3) 如果实现某接口的类是 abstract 的抽象类，则它可以不实现该接口的所有方法，但是对于这个抽象类的任何一个非抽象的子类而言，必须实现所有的抽象方法。

(4) 一个类在实现某接口的抽象方法时，必须使用完全相同的方法头。如果所实现的方法与抽象方法有相同的方法名和不同的参数列表，则只是在重载一个新的方法，而不是实现已有的抽象方法。

(5) 接口的抽象方法的访问限制符都已指定为 public，所以类在实现方法时，必须显式地使用 public 修饰符，否则将被系统警告为缩小了接口中定义的方法的访问控制范围。

【例 4.14】 接口实现示例。

```java
interface A {                                    //定义接口 A
    int a=1;
}
interface B {                                    //定义接口 B
    int b=2;
    public abstract void pp();
}
public class InterfaceExam implements A,B {      //一般类 InterfaceExam 实现接口 A,B
    static InterfaceExam obj = new InterfaceExam();
    public static void main(String [] args) {
        System.out.println("继承接口 A 中的 a=" + obj.a);
        obj.pp();
    }
    public void pp() {                           //实现抽象方法 pp()
        System.out.println("继承接口 B 中的 b=" + obj.b);
    }
}
```

程序运行结果：

```
继承接口 A 中的 a=1
继承接口 B 中的 b=2
```

小　　结

Java 中的继承通过 extends 关键字来实现，它的具体语法是：

[类修饰符] class 子类名 extends 父类名

通过继承，子类拥有父类的所有非私有成员。子类也可以继承父类的构造方法，遵循的原则：子类无条件地继承父类的无参数构造方法；如果子类自己没有构造方法，则它将继承父类的无参数构造方法作为自己的构造方法；如果子类自己定义了构造方法，则在创建新对象时，它将先执行继承父类的无参数构造方法，然后再执行自己的构造方法；对于父类的含参数构造方法，子类可以通过在自己的构造方法中使用"super"关键字来调用它，但这个调用语句必须是子类构造方法的第一条可执行语句。

子类对继承自父类的成员重新进行定义，就称为覆盖。要进行覆盖，就是在子类中对需要覆盖的成员以父类中相同的格式再重新声明定义一次。在子类中引用直接父类中的相应属性或方法，可以使用 super 关键字。

方法的重载是一个类中对自身已有的同名方法的重新定义。每个重载方法的参数的类型和(或)数量必须是不同的。

构造方法也可以重载。如果没有定义构造方法，系统会提供默认构造方法，一旦用户自己定义了构造方法，系统就不再提供默认构造方法。在重载的构造方法内部，可以使用关键字 this 作为一个方法调用，从一个构造方法中调用另一个构造方法。

用修饰符 abstract 修饰的类称为抽象类。抽象类不能实例化为对象。抽象类必须被继承。子类为它们父类中的所有抽象方法提供实现，否则它们也是抽象类。

如果一个类使用 final 修饰符修饰，说明这个类不可能有子类，这样的类就称为最终类。最终类不能被别的类继承，它的方法也不能被覆盖。

因为 abstract 类自身没有具体对象，需要派生出子类后再创建子类的对象；而 final 类不可能有子类，因此 abstract 和 final 修饰符不能同时修饰一个类。

接口用 interface 来声明。接口中的域变量都是常量，方法都是没有方法体的抽象方法。无论是否有修饰符显式地限定，接口中的域变量都是用 public static final 修饰的，接口中的所有方法都是用 public abstract 修饰的。接口中方法的真正实现在"继承"这个接口的各个类中完成。一个类只能有一个父类，但是类可以同时实现若干个接口，从而间接地实现多重继承。一个类要实现接口时，在类的声明部分用 implements 关键字声明该类将要实现哪些接口。

习　　题

1. 什么是继承？什么是父类？什么是子类？继承的特性可给面向对象编程带来什么好处？什么是单重继承？什么是多重继承？

2. 观察下面的程序片段，指出其中的父类和子类，以及父类和子类的各个属性和方法。

```
class SuperClass {
    int data;
```

```
        void setData(int newData) {
            data=newData;
        }
        int getData() {
            return data;
        }
    }
    class SubClass extends SuperClass {
        int suhData;
        void setSubData(intnewData) {
            suhData=new Data;
        }
        int getData() {
            return subData;
        }
    }
```

3. "子类的域变量和方法的数目一定大于等于父类的域变量和方法的数目"，这种说法是否正确？为什么？

4. 什么是域变量的隐藏？如果在第 2 题的 SubClass 中再定义一个变量"int data;"，则 SubClass 类中包括哪些域变量？

5. 什么是方法的覆盖？方法的覆盖与域变量的隐藏有何不同？与方法的重载有何不同？

6. 解释 this 和 super 的意义和作用。

7. 什么是多态？面向对象程序设计为什么要引入多态的特性？使用多态有什么优点？

8. Java 程序如何实现多态？有哪些方式？

9. 什么是接口？为什么要定义接口？接口与类有何异同？

10. 一个类如何实现接口？实现某接口的类是否一定要重载该接口中的所有抽象方法？

11. 接口是否可以被继承？阅读下面的代码，试写出 SubInterface 中的抽象方法。

```
    interface SupInterface {
        public abstract int supMethod();
    }
    interface SubInterface extends SupInterface {
        public abstract string subMethod()
    }
```

第 5 章 数组与常用类

教学目标：通过本章学习，能够熟练使用一维数组、二维数组。理解命令行参数。熟练掌握常用类的使用方法，并会查阅 Java 的技术文档以便使用 Java 的丰富类库。

教学要求：

知识要点	能力要求	关联知识
数组的使用	(1) 掌握一维数组的用法 (2) 了解二维数组的使用方法 (3) 理解对象数组的使用方法 (4) 掌握命令行参数的使用方法	数组、length、数组遍历
Java API	(1) 了解 Java 类库结构 (2) 掌握查阅 Java 技术文档的方法	Java API
数据类型类	掌握常用数据类型类的使用方法	包装类
String 类与 StringBuffer 类	(1) 掌握 String 类的常用方法 (2) 掌握 StringBuffer 类的常用方法	String、StringBuffer
Java 集合类	(1) 掌握 Java 集合类的常用方法 (2) 了解 foreach 语句的用法	Vector、Stack、HashTable

重点难点：
- 数组的常用方法
- Java 常用类的使用方法

5.1 数 组

数组是由一组类型相同的元素组成的有顺序的数据集合。数组中每个元素的数据类型都相同，它们可以是基本数据类型、复合数据类型、引用类型和数组类型。数组中的所有元素都共用一个数组名，因为数组中的元素是有序排列的，所以用数组名附加上数组元素的序号可唯一地确定数组中每一个元素的位置，称数组元素的序号为下标。

Java 数组是一个独立的对象，像其他对象一样，要经过定义、分配内存及赋值后才能使用。

5.1.1 数组的定义与创建

在 Java 语言中，在能够使用(访问)数组元素之前，要做两方面的工作：定义数组变量(声明)、为数组分配内存单元(创建)。使用一维数组时，可以通过如下三种方式之一定义数组变量并创建数组对象。

方式一：先定义数组变量，再创建数组对象，为数组分配存储空间。其中，一维数组的定义可以采用如下两种格式之一。

```
数组元素类型  数组名[ ];
数组元素类型[ ]  数组名;
```

对已经按上述格式定义的数组，进一步地通过 new 运算符创建数组对象，分配内存空间，格式如下：

```
数组名=new 数组元素类型[数组元素个数];
```

例如：

```
int a[];              //定义一个整型数组 a
double [] b;          //定义一个双精度型数组 b
a=new int[3];         //为数组 a 分配 3 个元素空间
b=new double[10];     //为数组 b 分配 10 个元素空间
```

在没有给各个数组元素赋值前，Java 自动赋予它们默认值：数值类型为 0，逻辑类型为 false，字符型为'\0'，对象类型初始化为 null。注意：Java 关键字 null 指的是一个 null 对象(可以用于任何对象引用)，它并不像 C 语言中的 NULL 常量一样等于零或者字符'\0'。

方式二：同时定义数组变量并创建数组对象，相当于将方式一中的两步合并，格式如下：

```
数组元素类型  数组名[]=new 数组元素类型[数组元素个数];
```

例如：

```
int x[]=new int[3];
double y[]=new double[10];
```

前者定义了具有 3 个元素空间的 int 型数组 x，后者定义了具有 10 个元素空间的 double 型数组 y。

方式三：利用初始化定义数组变量并创建数组对象。此时不用 new 运算符。格式如下：

```
数组元素类型  数组名[]={值1，值2，…};
```

例如：

```
int a[]={11,12,13,14,15,16};
double b[]={1.1,1.2,1.3,1.4,1.5,1.6,1.7};
```

前者定义了 int 型数组 a 并对其进行初始化，共有 6 个元素；后者定义了 double 型数组 b 并对其进行初始化，共有 7 个元素。

数组元素的类型，可以是基本数据类型，也可以是对象类型，下面的定义都是合法的。

```
char cs[]={'j','i','n','a','n'};
Integer ix[] =new Integer [5];
String ss[]={"I","you ","Chinese"};
```

5.1.2 访问数组元素

对数组元素的访问通过下标进行。一维数组元素的访问格式为：

```
数组名[下标]
```

Java规定，下标必须是整型或可以转变成整型的量，可以是常量、变量或表达式。数组下标从0开始，最大下标是数组元素个数-1。例如：

```
int a[]={11,12,13,14,15,16};
```

共有6个元素，其下标从0到5，a[0]为11，a[5]为16。又如：

```
String ia[]={"I","you ","Chinese"};
```

共有3个元素，其下标从0到2，ia[0]为字符串"I"，a[2]为字符串"Chinese"。

在访问数组元素时，要特别注意下标的越界问题，即下标是否超出范围。如果下标超出范围，则编译时会产生名为 ArrayIndexOutOfBoundsException 的错误，提示用户下标越界。如果使用没有初始化的数组，则会产生名为 NullPointException 的错误，提示用户数组没有初始化。

【例5.1】 编写一个应用程序，求Fibonacci数列的前10个数。

Fibonacci数列的定义为：$F_1 = F_2 = 1$,当$n \geq 3$时，$F_n = F_{n-1} + F_{n-2}$。

```java
public class Fibonacci  {
   public static void main(String args[ ])  {
      int i;
      int f[]=new int[10];
      f[0]=1;  f[1]=1;              //Java支持f[0]=f[1]=1的写法
      for(i=2;i<10;i++)
          f[i]=f[i-1]+f[i-2];
      for(i=1;i<=10;i++)
          System.out.println(" F[" +i+"]="+f[i-1]);
   }
}
```

程序运行结果：

```
F[1]=1
F[2]=1
F[3]=2
F[4]=3
F[5]=5
F[6]=8
F[7]=13
F[8]=21
F[9]=34
F[10]=55
```

一维数组有一个重要的属性：length，用于给出数组中的元素个数。语法为：

数组名.length

【例5.2】 编写应用程序，声明一个整型数组并对它初始化，在屏幕上输出各元素的值和其总和。

```java
public class intarray {
   public static void main(String args[]) {
      int a[]={ 1,2,3 };
      int i,sum=0;
```

```
        for(i=0;i<a.length;i++)
            sum=sum+a[i];
        for(i=0;i<a.length;i++)
            System.out.println(" a[" +i+"]="+a[i]);
        System.out.println(" sum="+sum);
    }
}
```

程序运行结果：

```
a[0]=1
a[1]=2
a[2]=3
sum=6
```

使用一维数组的典型例子是设计排序的程序。下面的程序是利用冒泡法进行排序，对相邻的两个元素进行比较，并把小的元素交换到前面。

【例 5.3】 用冒泡法对已有数据按从小到大的顺序排序。

```
public class BubbleSort {
    public static void main(String args[ ]) {
        int I,J;
        int intArray[]={30,1,-9,70,25};
        int L=intArray.length;
        for( I=0;I<L-1;I++)
            for( J=I+1;J<L;J++)
                if(intArray[I]>intArray[J]) {
                    int t=intArray[I];
                    intArray[I]=intArray[J];
                    intArray[J]=t;
                }
        for( I=0;I<L;I++)
            System.out.print(intArray[I]+ " ");
    }
}
```

运行结果为：

```
-9 1 25 30 70
```

当数组元素的类型是某种对象类型时，则构成对象数组。因为数组中的每一个元素都是一个对象，故可以使用成员运算符"."访问对象中的成员。在例 5.4 中将定义类 Student，并在主类的 main 方法中声明 Student 类的对象数组：

```
Student [] e=new Student[5];
```

则使用语句：

```
e[0]=new Student("张三",25);
```

调用构造方法初始化对象元素,通过 e[0].name 的形式可以访问这个对象的 name 成员。

【例 5.4】 对象数组使用示例。

```
class Student {                                    //定义 Student 类
    String name;                                   //姓名
```

```java
        int age;                                          //年龄
        public Student(String pname,int page) {           //构造方法
            name=pname;
            age=page;
        }
    }
    public class CmdArray {                               //定义主类
        public static void main(String [] args) {
            Student [] e=new Student[5];                  //声明 Student 对象数组
            e[0]=new Student("张三",25);                   //调用构造方法,初始化对象元素
            e[1]=new Student("李四",30);
            e[2]=new Student("王五",35);
            e[3]=new Student("刘六",28);
            e[4]=new Student("赵七",32);
            System.out.println("平均年龄"+getAverage(e));
            getAll(e);
        }
        static int getAverage(Student [] d)  {            //求平均年龄
            int sum=0;
            for (int i=0;i<d.length;i++)
                sum=sum+d[i].age;
            return sum/d.length;
        }
        static void getAll(Student [] d) {                //输出所有信息
            for (int i=0;i<d.length;i++)
                System.out.println(d[i].name+d[i].age);
        }
    }
```

程序运行结果:

```
平均年龄 30
张三 25
李四 30
王五 35
刘六 28
赵七 32
```

5.1.3 使用二维数组

二维数组是一个特殊的一维数组,可以这样理解:如果一维数组中的每个元素又是一个一维数组,则构成二维数组。

1. 二维数组的定义与创建

二维数组的定义格式为:

```
数据类型 数组名[ ][ ];
数据类型[ ][ ] 数组名;
```

例如:

```
int a[][];
int[][] b;
```

与一维数组一样,这时对数组元素也没有分配内存空间,同样要使用运算符 new 来创建数组对象,分配内存,然后才可以访问每个元素。使用 new 运算符时有两种方式。

一种方式是,用一条语句为整个二维数组分配空间。例如:

```
int a[][]=new int [2][3];
```

另一种方式是,首先指定二维数组的行数,然后再分别为每一行指定列数。例如:

```
int b[][]=new int [2][];
b[0]=new int[3];
b[1]=new int[3];
```

特别地,这种方式可以形成不规则的数组。例如:

```
int b[][]=new int [2][];        //共 2 行
b[0]=new int[3];                //第一行有 3 个 int 元素
b[1]=new int[10];               //第二行有 10 个 int 元素
```

对于二维数组,也可以利用初始化完成定义数组变量并创建数组对象的任务,此时不用 new 运算符。例如:

```
int a[][]={{1,2,3},{4,5,6}};
int b[][]={{1,2,3,4},{5,6,7,8},{9,10,11,12}};
int c[][]={{1,2},{5,6,7,8}};    //初始化为不规则的数组
```

2. 二维数组元素的访问

二维数组元素的访问格式如下:

```
数组名[行下标][列下标]
```

其中,行下标和列下标都从 0 开始,最大值为每一维的长度减 1。

二维数组的 length 属性与一维数组不同。在二维数组中:数组名.length 指示数组的行数,数组名[行下标].length 指示该行中的元素个数。

【例 5.5】 编写程序,定义一个不规则的二维整型数组,输出其行数和每行的元素个数,并求数组中所有元素的和。

```
public class TwoArray {
    public static void main(String args[]) {
        int b[][]={{11},{21,22},{31,32,33,34}};
        int sum=0;
        System.out.println("数组 b 的行数:"+b.length);
        for(int i=0;i<b.length;i++) {
            System.out.println("b["+i+"]行的数据个数:"+b[I].length);
            for(int j=0;j<b[i].length;j++) {
                sum=sum+b[i][j];
            }
        }
        System.out.println("数组元素的总和:"+sum);
    }
}
```

程序运行结果：

```
数组 b 的行数：3
b[0]行的数据个数：1
b[1]行的数据个数：2
b[2]行的数据个数：4
数组元素的总和：184
```

5.1.4 命令行参数

所谓命令行参数，是指执行某个 Java 应用程序时，从命令行中向程序直接传送的参数。可以获得这些参数的值，并运用到程序的执行过程中。

Java 通过 main 方法中的参数从命令行中接收参数。回想一下程序中的 main 方法，其格式是：

```
public static void main(String[] args)
{…}
```

其中的 String[] args 就是用来接受命令行参数的，它是一个字符串数组。在程序内部，通过 args[0]、args[1]……的形式可以访问这些参数字符串，通过 args.length 可以获得命令行参数的个数。例如运行 CmdLine 程序时，命令行的输入是：

```
java CmdLine  hello Tom 20
```

则 args[0]代表参数字符串"hello"，args[1] 代表参数字符串"Tom"，args[2] 代表参数字符串"20"，args.length 的值是 3，即命令行中有 3 个参数。

【例 5.6】 从命令行中输入若干数字字符串，求输入数字字符串的个数，并求它们的和。

```java
public class CmdLineParameter {
    public static void main(String[] args) {
        if (args.length<1)  {
            System.out.println("至少需要有一个参数！");
            System. exit(0);                        //终止程序运行
        }
        int i=0,sum=0;
        int n=args.length;
        int arr[]=new int[n];
        for(i=0;i<n;i++) {
            System.out.println("参数 args["+i+"]是: "+args[i]);
            arr[i]=Integer.parseInt(args[i]);   //将字符串转换成 int 型
            sum+=arr[i];
        }
        System.out.println("参数个数: "+arr.length);
        System.out.println("参数的和: "+sum);
    }
}
```

本例中没有考虑输入异常的情况，因此，运行时要求输入的参数必须是整数(包括负整数)。编译后，3 次运行的情况如下：

```
C:\example>java CmdLineParameter
```

至少需要有一个参数!

```
C:\example>java CmdLineParameter 30 600
参数args[0]是: 30
参数args[1]是: 600
参数个数: 2
参数的和: 630
C:\example>java CmdLineParameter 30 600 -100
参数args[0]是: 30
参数args[1]是: 600
参数args[2]是: -100
参数个数: 3
参数的和: 530
```

需要注意的是,命令行参数是命令后的参数,它不包括命令本身;另外,命令行参数都是字符串。

5.2 Java API 与技术文档

应用程序接口 (Application Programming Interface,Java API)就是 Java 类库,是系统提供的已实现的标准类的集合。在程序设计中,合理和充分利用类库提供的类和接口,不仅可以完成字符串处理、绘图、网络应用、数学计算等多方面的工作,而且可以大大提高编程效率,使程序简练、易懂。

Java 类库中的类和接口大多封装在特定的包里,每个包具有自己的功能。表 5-1 中列出了 Java 中一些常用的包及其主要功能。其中,包名后面带".*"的表示其中包括一些相关的子包。

表 5-1 Java 提供的部分常用包

包名	主要功能
java.applet	提供了创建 applet 需要的所有类
java.awt.*	提供了创建用户界面以及绘制和管理图形、图像的类
java.beans.*	提供了开发 Java Beans 需要的所有类
java.io	提供了通过数据流、对象序列以及文件系统实现的系统输入、输出
java.lang.*	Java 编程语言的基本类库
java.math.*	提供了简明的整数算术以及十进制算术的基本函数
java.rmi	提供了与远程方法调用相关的所有类
java.net	提供了用于实现网络通信应用的所有类
java.security.*	提供了设计网络安全方案需要的一些类
java.sql	提供了访问和处理来自于 Java 标准数据源数据的类
java.test	包括以一种独立于自然语言的方式处理文本、日期、数字和消息的类和接口

续表

包名	主要功能
java.util.*	包括集合类、时间处理模式、日期时间工具等各类常用工具包
javax.accessibility	定义了用户界面组件之间相互访问的一种机制
javax.naming.*	为命名服务提供了一系列类和接口
javax.swing.*	提供了一系列轻量级的用户界面组件,是目前 Java 用户界面常用的包

注:在使用 Java 时,除了 java.lang 外,其他的包都需要通过 import 语句引入之后才能使用。

Java 提供了极其完善的技术文档介绍类库以及使用方法。只要了解技术文档的格式,就能方便地查阅文档内容,获取相关资料。

可以从 Oracle 公司的网站上下载 Java 文档。下载完后,找到它下面的 docs 文件夹,打开其中的 index 文件(HTML 文件),找到"Java SE 6 API Documentation",或者直接进入 docs 文件夹下的 api 文件夹,打开 index 文件(HTML 文件),都可打开"Java™ Platform, Standard Edition 6 API Specification"页面,然后选择需要查看的那个包,进而查看包中的类、接口等内容。

选择一个包后,可以看到包的名称及其简单描述,然后是包中的内容,一般分为 interface summary、class summary、exception summary 和 error summary(接口摘要、类摘要、异常摘要和错误摘要)等部分。选择最上面的菜单中的"tree"选项,可以查看包中各类的继承关系,了解包的总体结构。

当选择一个类进入后,可以看到如下的内容(以 Double 类为例说明):

```
java.lang                              //包名
Class Double                           //类名
java.lang.Object                       //继承结构:java.lang 包中的 Double 类的直接父类
    └java.lang.Number                  //是 java.lang 中的 Number 类,
        └java.lang.Double
All Implemented Interfaces:            //所有已经实现的接口
Comparable, Serializable
```

然后是类头定义和说明,以及源于哪个版本:

```
public final class Double
  extends Number
  implements Comparable<Double>
  The Double class wraps a value of the primitive type double in an object.
An object of type Double contains a single field whose type is double.
  In addition, this class provides several methods for converting a double
to a String and a String to a double, as well as other constants and methods useful
when dealing with a double.
  Since: JDK1.0
  See Also: Serialized Form
```

然后就是属性、方法、构造方法的摘要表(summary)，最后是属性、方法、构造方法的详细说明。

此外，还可以通过互联网上有关的 Java 技术社区或论坛，下载中文版的 Java 技术文档，以方便阅读和使用。

5.3 数据类型类

前面介绍了 Java 的基本数据类型。Java 是纯面向对象的程序设计语言，为了达到这个目的，Java 提供了数据类型类，也称为包装类，它是封装了基本数据类型的类。

5.3.1 数据类型类的属性和构造方法

每个基本数据类型都对应一个数据类型类，数据类型类共有 8 个，它们是 Character 类、Byte 类、Short 类、Integer 类、Long 类、Float 类、Double 类和 Boolean 类，分别对应于基本数据类型 char、byte、short、int、long、float、double 和 boolean。

除 Boolean 之外，其他数据类型类都具有如下属性。

MAX_VALUE 属性：代表数据类型类所表示的最大值。

MIN_VALUE 属性：代表数据类型类所表示的最小值。

例如，对于 Byte 类，MAX_VALUE 是 2^7-1，MIN_VALUE 是 -2^7，即 Byte 类型的取值在 -128~127 之间；而对于 Integer 类，MAX_VALUE 是 $2^{31}-1$，MIN_VALUE 是 -2^{31}。

这两个属性都是静态成员变量，可以通过类名直接使用。例如程序段：

```
System.out.println(Integer.MAX_VALUE);
System.out.println(Integer.MIN_VALUE);
System.out.println(Double.MAX_VALUE);
System.out.println(Double.MIN_VALUE);
```

将输出 Integer 类和 Double 类所表示的最大值、最小值，分别为 2147483647、–2147483648、1.7976931348623157E308、4.9E-324。

Boolean 类只有 false、true 属性。

使用数据类型类的构造方法，可以将基本数据类型整合到 Java 数据类型类的对象层次结构中。构造方法的方法名与类名一致，分别是 Character(char value)、Byte(byte value)、Short(short value)、Integer(int value)、Long(long value)、Float(float value)、Double(double value)、Boolean(boolean value)。

例如：

```
Double dd=new Double(1.2345);    // 产生一个 Double 类的实例对象 dd
Integer ii=new Integer(4567);    // 产生一个 Integer 类的实例对象 ii
```

此外，Java 还提供了重载的构造方法，如 Byte(String s)、Short(String s)、Integer(String s)、Float(double value)、Float(String s)、Double(String s)、Boolean(String s)。

5.3.2 数据类型类的常用方法

数据类型类提供了一批成员方法,以方便数据之间的相互转换。下面介绍的是数据类型类的常用方法。

对于所有数据类型类的对象,形如"对象名.xxxxValue()"的成员方法,用来获得对象中的基本类型数据,包括:

```
对象名.doubleValue();
对象名.intValue();
对象名.byteValue();
对象名.shortValue();
对象名.longValue();
对象名.charValue();
对象名.floatValue();
对象名.booleanValue();
```

例如,对于上述已经创建的 Double 类的实例对象 dd 和 Integer 类的实例对象 ii,有:

```
double x=dd.doubleValue();    //x 的值是 1.2345
int y=ii.intValue();          //y 的值是 4567
```

所有数据类型类的对象都提供了 toString()方法,用来将基本数据类型类中的数值转换为字符串。调用格式是:

```
对象名.toString();
```

例如:

```
System.out.println(ii.toString());
System.out.println(dd.toString());
```

需要指出的是,当调用 println 方法(包括 print 方法)输出数据时,既可以使用数据类型对象的 toString()方法,也可以直接输出数据类型对象,此时,系统会自动调用相应对象的 toString()方法。例如:

```
Integer test=new Integer(1234);
System.out.println(test.toString());
System.out.println(test);
```

【例 5.7】 数据类型类的对象方法使用示例。

```java
public class TestDataType1 {
    public static void main(String[] args) {
        //使用基本数据类型
        double d = 0.7E-3;
        int i = 1000;
        byte b = 55;
        short s = 500;
        Double dd=new Double(d);
        //使用构造方法生成基本数据类型类的对象
        Integer ii=new Integer(i);
        Byte bb=new Byte(b);
        Short ss=new Short(s);
        Long ll=new Long(50000L);
```

第 5 章　数组与常用类

```
        Character cc=new Character('a');
        Float ff=new Float( 0.23F);
        Boolean bbool=new Boolean( true);
        //取得对象中的基本类型数据
        double x=dd.doubleValue();
        int y=ii.intValue();
        System.out.println(x);
        System.out.println(y);
        System.out.println(bb.byteValue());
        System.out.println(ss.shortValue());
        System.out.println(ll.longValue());
        System.out.println(cc.charValue());
        System.out.println(ff.floatValue());
        System.out.println(bbool.booleanValue());
        //将基本数据类型类中的数值转换为字符串
        System.out.println(ii.toString());
        System.out.println(ff.toString());
        System.out.println(dd.toString());
        System.out.println(ll.toString());
        System.out.println(ii);
        System.out.println(ff);

        Integer si= new Integer("45");
        System.out.println(si.intValue());
    }
}
```

除了可以使用数据类型类对象的方法外，还可以使用数据类型类的一些静态方法进行数据类型的转化。

除 Character 类外，其他数据类型类都提供了 valueOf(String s) 静态方法，用来把字符串 s 转换成相应的数据类型对象。其调用格式是：

```
        类名.valueOf(String s);
```

例如：

```
        Double td=Double.valueOf("1.234");
        Integer ti=Integer.valueOf("456");
```

除 Character 类和 Boolean 类外，其他数据类型类都提供了形如 parseXxxx(String s) 的静态方法，用来将字符串 s 转换成相应的基本类型数据。例如：

```
        int pi= Integer.parseInt("1234");
        float pf=Float.parseFloat("1234f");
```

【例 5.8】　数据类型类的静态方法使用示例。

```
public class TestDataType2 {
    public static void main(String[] args) {
        //使用静态方法 parsexxxx(String s) 把字符串转换为相应的基本数据类型
        int pi= Integer.parseInt("1234");
        float pf=Float.parseFloat("1234f");
        double pd=Double.parseDouble("12.345");
        long pl=Long.parseLong("123456789");//不加 L
```

```java
        byte pb=Byte.parseByte("45");
        short ps=Short.parseShort("6789");
        System.out.println(pi);
        System.out.println(pf);
        System.out.println(pd);
        System.out.println(pl);
        System.out.println(pb);
        System.out.println(ps);
        //使用静态方法valueOf(String s)将字符串转换成相应的数据类型对象
        Double td=Double.valueOf("1.234");
        Integer ti=Integer.valueOf("456");
        Byte tb=Byte.valueOf("120");
        Short ts=Short.valueOf("500");
        Long tl=Long.valueOf("12345678901");
        Float tf=Float.valueOf("9.8765f");
        Boolean tbool=Boolean.valueOf("true");
        System.out.println(td);//系统会自动调用相应的toString()方法
        System.out.println(ti);
        System.out.println(tb);
        System.out.println(ts);
        System.out.println(tl);
        System.out.println(tf);
        System.out.println(tbool);
        System.out.println(Integer.MAX_VALUE);
        System.out.println(Integer.MIN_VALUE);
        System.out.println(Double.MAX_VALUE);
        System.out.println(Double.MIN_VALUE);
    }
}
```

这里需要指出的是，从字符串到其他基本数据类型的转换中，由于字符串形式不正确会引起 NumberFormatException 异常，所以在进行转换时要注意捕获和处理。

Float 类和 Double 类还定义了比较特殊的方法：isInfinite()和 isNaN()，它们有助于操作 double 和 float 值，负责检验两个独特的值：无穷和 NaN(非数字)。当被检验的值为无穷大或无穷小值时，isInfinitr()方法返回 true。当被检验的值为非数字时，isNaN()方法返回 true。

5.4 String 类和 StringBuffer 类

java.lang 是 Java 语言中使用最广泛的包，它所包括的类是其他包的基础，由系统自动引入，在程序中不必通过 import 语句引入就可以使用其中的任何一个类。java.lang 中所包含的类和接口对所有实际的 Java 程序都是必要的。下面将分别介绍几个常用的类。

5.4.1 String 类

1. 创建字符串

Java 语言中的字符串属于 String 类。虽然可以采用其他方法表示字符串(如字符数组)，但 Java 使用 String 类作为字符串的标准格式。Java 编译器把字符串转换成 String 对象。String 对象一旦被创建了，就不能改变。如果需要进行大量的字符串操作，应该使用 StringBuffer 类或者字符数组，最终结果可以被转换成 String 格式。

创建字符串的方法有多种，通常用 String 类的构造方法来创建字符串。表 5-2 中列出了 String 类的构造方法及其简要说明。

表 5-2 String 类的构造方法及其简要说明

构造方法	说明
String( )	初始化一个新的 String 对象，使其包含一个空字符串
String(char[ ] value)	分配一个新的 String 对象，使它包含字符数组参数中的字符序列
String(char[ ] value, int offset,int count)	分配一个新的 String 对象，使它包含来自字符数组参数中子数组的字符
String(String value)	初始化一个新的 String 对象，使其包含和参数字符串相同的字符序列
String(String Buffer buffer)	初始化一个新的 String 对象，它包含字符串缓冲区参数中的字符序列

【例 5.9】 使用多种方法创建一个字符串并输出字符串内容。

```
import java.util.*;
public class StrOutput {
  public static void main(String[] args) {
    //将串常量作为String对象对待,实际上是将一个String对象赋值给另一个
    String s1 = "Hello,java!";
    //声明一个字符串,然后为其赋值
    String s2;
    s2 = "Hello,java!";
    //使用String类的构造方法中的一个创建一个空字符串,然后赋值给它
    String s3 = new String();
    s3 = "Hello,java!";
    //将字符串直接传递给String类构造方法来创建新的字符串
    String s4 = new String("Hello,java!");
    //使用String类的构造方法中的一个
    //通过创建字符数组传递给String类构造方法来创建新的字符串
    char c1[] = { 'H', 'i', ',' , 'j', 'a', 'v', 'a'};
    String s5 = new  String(c1 );
    //将字符数组子集传递给String类构造方法来创建新的字符串
    String s6 = new String(c1,0,2 );
```

```
            System.out.println(s1);
            System.out.println(s2);
            System.out.println(s3);
            System.out.println(s4);
            System.out.println(s5);
            System.out.println(s6);
        }
    }
```

程序运行结果：

```
Hello,java!
Hello,java!
Hello,java!
Hello,java!
Hi,java
Hi
```

2. 字符串的操作

Java 语言提供了多种处理字符串的方法。表 5-3 中列出了 String 类常用的方法。

表 5-3 String 类常用的方法

方法	说明
char charAt(int index)	获取给定的 index 处的字符
int compareTo(String anotherString)	按照字典的方式比较两个字符串
int compareToIgnoreCase(String str)	按照字典的方式比较两个字符串，忽略大小写
String concat(String str)	将给定的字符串连接到这个字符串的末尾
boolean equals(Object anObject)	将这个 String 对象和另一个对象 String 进行比较
int indexOf(String str)	获取这个字符串中出现给定子字符串的第一个位置的索引
int length( )	获取字符串的长度
String replace(char oldChar,char newChar)	通过将这个字符串中的 oldChar 字符转换为 newChar 字符来创建一个新字符串
String substring(int strbegin,int strend)	产生一个新字符串，它是这个字符串的子字符串，允许指定起始处、结尾处的索引
String toLowerCase( )	将这个 String 对象中的所有字符转换成小写
String toString( )	返回这个对象(它已经是一个字符串)
String toUpperCase( )	将这个 String 对象中的所有字符变为大写
String trim( )	去掉字符串开头和结尾的空格
static String valueOf(int i)	将 int 参数转化为字符串返回。该方法有很多重载方法，用来将基本数据类型转换为字符串。如 static String valueOf(float f)、static String valueOf(long l)等

下面结合常用的方法，介绍几种典型的字符串操作。

(1) 字符串的比较。Java 语言提供了 4 种字符串的比较方法，这些方法有些类似于操作符。例如，可以使用 equals、equalsIgnoreCase、regionMatches 和 compareTo 方法来实现对字符串的比较。调用形式如下。

① s1.equals(s2) —— 如果 s1 等于 s2，返回 true，否则为 false。

② s1. equalsIgnoreCase (s2) —— 如果 s1 等于 s2，返回 true，否则为 false，忽略大小写。

③ s1. regionMatches(boolean ignoreCase,int toffset,s2,int ooffset,int len) —— 如果 s1 和 s2 的子串相等，返回 true，否则为 false。其中，ignoreCase 为忽略大小写设置：true 为忽略大小写，false 为不忽略大小写。Toffset 用于确定 s1 的起始偏移量，ooffset 用于确定 s2 的起始偏移量，len 用于确定子串的长度。

④ s1. compareTo (s2) ——如果 s1＜s2，则返回小于 0 的值；如果 s1=s2，则返回 0；如果 s1＞s2，则返回大于 0 的值。

【例 5.10】 比较字符串。

```java
import java.util.*;
public class StrCompare {
    public static void main(String[] args) {
        String s1="aaaa";
        String s2="aaaa";
        String s3="AAAA";
        String s4="bcd";
        if (s1.equals(s2))
            System.out.println("s1==s2");
        else
            System.out.println("s1!=s2");
        if (s1.equalsIgnoreCase(s3))
            System.out.println("s1==s3 when ignoring case");
        else
            System.out.println("s1!=s3 when ignoring case");
        if (s1.regionMatches(true,0,s3,1,3))
            System.out.println("s1==s3 when ignoring case");
        else
            System.out.println("s1!=s3 when ignoring case");
        if (s1.regionMatches(false,0,s3,1,3))
            System.out.println("s1==s3 when not ignoring case");
        else
            System.out.println("s1!=s3 when not ignoring case");
        if (s1.compareTo(s4)<0)
            System.out.println("s1<s4");
        else if (s1.compareTo(s4)==0)
            System.out.println("s1==s4");
        else
            System.out.println("s1>s4");
    }
}
```

程序运行结果：

```
s1==s2
s1==s3 when ignoring case
s1==s3 when ignoring case
s1!=s3 when not ignoring case
s1<s4
```

(2) 求字符串长度。使用 String 类的 length()方法即可得到字符串长度,调用形式如下。
s1.length() ——返回 s1 的长度,其类型为 int。

【例 5.11】 求指定字符串的长度。

```java
import java.util.*;
public class StrLength {
    public static void main(String[] args) {
        String s1="Hello,Java!";
        int i=s1.length();
        System.out.println("字符串 s1 长度为"+i);
    }
}
```

程序运行结果:字符串 s1 长度为 11

(3) 复制字符串。可以采用 4 种方法将一个字符串复制到另一个字符数组或 String 对象中:copyValueOf、getChars、toCharArray、substring,调用形式如下。

① s1.copyValueOf(data) —— 将数组 data 中的内容全部复制到字符串中。
s1.copyValueOf(data,int offset,int count) —— 将数组 data 中以 offset 起始、长度为 count 的内容复制到字符串中。

② s1.getChars(int strbegin,int strend, data,int offset) —— 将 s1 的全部或部分内容复制到数组 data 中。其中,strbegin 为字符的起始位置,strend 为字符的终止位置,offset 为字符数组的起始位置。

③ data=s1.toCharArray( ) —— 将 s1 中的全部内容复制到一个字符数组 data 中。

④ s2=s1.substring(int strbegin) —— 将 s1 中以 strbegin 起始的内容复制到 s2 中。
s2=s1.substring(int strbegin,int strend) —— 将 s1 中从 strbegin 起始、以 strend 结束的内容复制到 s2 中。

【例 5.12】 复制字符串。

```java
import java.util.*;
public class StrCopy1 {
    public static void main(String[] args) {
        String s1=new String();
        char data[]={ 'a', 'b', 'c', 'd', 'e', 'f'};
        s1=s1.copyValueOf(data);
        System.out.println(" s1="+s1);
        s1=s1.copyValueOf(data,2,3);
        System.out.println(" s1="+s1);
        s1.getChars(1,2, data,0);
        System.out.println(" data="+new String(data));
        data=s1.toCharArray();
        System.out.println(" data="+new String(data));
```

```
        String s2=new String( );
        String s3=new String( );
        s2=s1.substring(0);
        System.out.println(" s2="+s2);
        s3= s1.substring(1,2);
        System.out.println(" s3="+s3);
    }
}
```

程序运行结果：

```
s1=abcdef
s1=cde
data=dbcdef
data=cde
s2=cde
s3=d
```

(4) 在字符串中查找字符和子串。在字符串中查找字符和子串，确定它们的位置，有几种常用的方法：charAt()、indexOf()、lastIndexOf()，调用形式如下。

① s1.chatAt(int index) ——返回 s1 中 index 所对应的字符。其中，index 是下标号。

② s1.indexOf (int char) ——返回 s1 中字符 char 在字符串中第一次出现的位置。

③ s1.lastIndexOf (int char) ——返回 s1 中字符 char 在字符串中最后一次出现的位置。

④ s1.indexOf (s2)——返回 s2 在 s1 中第一次出现的位置。

⑤ s1.lastIndexOf (s2) ——返回 s2 在 s1 中最后一次出现的位置。

【例 5.13】 查找字符和子串。

```
import java.util.*;
public class StrSearch {
    public static void main(String[] args) {
            String s1="Javav";
            char c=s1.charAt(2);
            System.out.println("c="+c);
            int i=s1.indexOf('a');
            System.out.println("fistchar="+i);
            int j=s1.lastIndexOf('a');
            System.out.println("lastchar="+j);
            i= s1.indexOf("av");
            System.out.println("fiststring="+i);
            j=s1.lastIndexOf("av");
            System.out.println("laststring="+j);
    }
}
```

程序运行结果：

```
c=v
firstchar=1
```

```
lastchar=3
firststring=1
laststring=3
```

(5) 修改字符串。修改字符串的常用方法有 replace()、toLowerCase()、toUpperCase()、trim()，调用形式如下。

① s1.replace(oldchar,newchar)——用新字符 newchar 替代旧字符 oldchar，若指定字符不存在，则不替代。

② s1.toLowerCase( )——将 s1 中的所有大写字母转换为小写字母。

③ s1.toUpperCase( )——将 s1 中的所有小写字母转换为大写字母。

④ s1.trim( )——删除 s1 中的首、尾空格。

【例 5.14】 修改字符串。

```java
import java.util.*;
public class StrModify {
    public static void main(String[] args) {
        String s1="Java";
        s1=s1.replace('a', 'b');
        System.out.println("s1="+s1);
        String s2=s1.toLowerCase();
        String s3=s1. toUpperCase ();
        System.out.println("s2="+s2);
        System.out.println("s3="+s3);
        s2= s1.trim();
        System.out.println("s2="+s2);
    }
}
```

程序运行结果：

```
s1=Jbvb
s2=jbvb
s3=JBVB
s2=Jbvb
```

5.4.2 StringBuffer 类

1. 创建 StringBuffer 对象

缓冲字符串类 StringBuffer 与 String 类相似，它具有 String 类的很多功能，甚至更丰富。它们的主要区别是 StringBuffer 对象可以方便地在缓冲区内进行修改，如增加、替换字符或子串。StringBuffer 对象可以根据需要自动增长存储空间，故特别适合于处理可变字符串。当完成了缓冲字符串数据操作后，可以通过调用其方法 StringBuffer.toString( )或 String 类的构造方法将它们有效地转换回标准字符串(String)格式。

可以使用 StringBuffer 类的构造方法来创建 StringBuffer 对象。表 5-4 是 StringBuffer 的构造方法及其简要说明。

表 5-4 StringBuffer 类构造方法及其简要说明

构造方法	说明
StringBuffer( )	构造一个空的缓冲字符串，其中没有字符，初始长度为 16 个字符的空间
StringBuffer(int length)	构造一个长度为 length 的空的缓冲字符串
StringBuffer(String str)	构造一个缓冲字符串，将其内容初始化为给定的字符串 str，再加上 16 个字符的空间

【例 5.15】 用多种方法创建 StringBuffer 对象。

```
import java.util.*;
public class StrBufferSet {
    public static void main(String[] args) {
        StringBuffer s1=new StringBuffer();
        s1.append("Hello,Java!");
        System.out.println("s1="+s1);
        StringBuffer s2=new StringBuffer(10);
        s2.insert(0, "Hello,Java!");
        System.out.println("s2="+s2);
        StringBuffer s3=new StringBuffer("Hello,Java!");
        System.out.println("s3="+s3);
    }
}
```

程序运行结果：

```
s1=Hello,Java!
s2=Hello,Java!
s3=Hello,Java!
```

2. StringBuffer 类的常用方法

StringBuffer 类是可变字符串，因此它的操作主要集中在对字符串的改变上。

(1) 为 StringBuffer 的对象插入和追加字符串。

可以在 StringBuffer 对象的字符串之中插入字符串，或在其之后追加字符串，经过扩充之后形成一个新的字符串，方法有 append()和 insert()，调用形式如下。

① s1.append(s2)——将字符串 s2 加到 s1 之后。

② s1.insert(int offset,s2)——在 s1 中从起始处 offset 开始插入字符串 s2。

(2) 获取和设置 StringBuffer 对象的长度和容量。获取和设置 StringBuffer 对象的长度和容量的方法有 length()、capacity()、setlength()，调用形式如下。

① s1.length()——返回 s1 中字符的个数(字符串长度)。

② s1. capacity ()——返回 s1 的容量，即内存空间大小。通常会大于 length( )。

③ s1. setLength (int newLength)——改变 s1 中字符的个数，即设置 s1 字符串的长度。如果 newLength 大于 s1 的原个数，则新添加的字符都为空("")；相反，字符串中的最后几个字符将被删除。

【例 5.16】 显示指定字符串的长度和容量,并改变字符串的长度。

```java
import java.util.*;
public class StrLen {
    public static void main(String[] args) {
        StringBuffer  s1=new StringBuffer("Hello,Java!");
        System.out.println("The length is "+s1.length());
        System.out.println("The allocated length is "+s1.capacity());
        s1.setLength(100);
        System.out.println("The new length is "+s1.length());
    }
}
```

程序运行结果:

```
The length is 11
The allocated length is 22
The new length is 100
```

(3) 读取和改变 StringBuffer 对象中的字符。读取 StringBuffer 对象中的字符的方法有 charAt()和 getChar(),这与 String 对象方法一样。在 StringBuffer 对象中,设置字符及子串的方法有 setCharAt()、replace();删除字符及子串的方法有 delete(),deleteCharAt(),调用形式如下。

① s1.setCharAt(int index,char ch)——用 ch 替代 s1 中 index 位置上的字符。

② s1.replace(int start,int end,s2)——用 s2 代替 s1 中从 start(含)开始到 end(不含)结束之间的字符串。

③ s1.delete(int start,int end)——删除 s1 中从 start(含)开始到 end(不含)结束之间的字符串。

④ s1.deleteCharAt(int index)——删除 s1 中 index 位置上的字符。

【例 5.17】 改变字符串的内容。

```java
import java.util.*;
public class StrChange {
    public static void main(String[] args) {
        StringBuffer  s1=new StringBuffer("Hallo,Java!");
        s1.setCharAt(1, 'e');
        System.out.println(s1);
        s1.replace(1,5, "i");
        System.out.println(s1);
        s1.delete(0,3);
        System.out.println(s1);
        s1.deleteCharAt(4);
        System.out.println(s1);
    }
}
```

程序运行结果:

```
Hello,Java!
Hi,Java!
Java!
Java
```

5.5　Java 中的集合类

java.util 是 Java 语言中另一个使用广泛的包，它包括集合类、时间处理模式、日期时间工具等各种常用工具。

Java 的集合类是 java.util 包中的重要内容。集合类中存放的元素是对象，它允许以各种方式将元素分组，并定义了各种使这些元素更容易操作的方法。不同的集合类有不同的功能和特点，适合在不同的场合中解决实际问题。

下面将介绍集合类中的几个常用类。

5.5.1　Vector 类

Java 的数组具有很强的功能，但它并不总是能满足用户的要求。数组一旦被创建，它的长度就固定了。但是，有时在创建数组时并不能确切地知道有多少项需要加进去。解决这一问题的一个办法是，创建一个尽可能大的数组，以满足要求，但这势必会造成空间的浪费。Java 提供了另一个好的办法：使用 java.util 包中的向量类 Vector。

简单地说，Vector 是一个动态数组，它可以根据需要动态伸缩。Vector 类还提供了一些常用的方法，如增加元素和删除元素的方法，而这些操作在数组中一般来说必须通过专门编程才能完成。

Vector 类提供了 3 个属性、4 个构造方法和多种方法，分别介绍如下。

1．属性

(1) protected int capacityIncrement——当向量的大小超过容量时，向量容量的增长量。

(2) protected int elementCount——Vector 对象中的元素个数。

(3) protected　Objected[ ] elementData——存储向量的元素的数组缓冲区。

2．构造方法

(1) Vector( )——构造一个空向量。

(2) Vector(Collection c)——构造一个包含给定集合中的元素的向量。

(3) Vector(int initialCapacity)——构造一个具有给定的初始容量的空向量。

(4) Vector(int initialCapacity, int capacityIncrement)——构造一个具有给定的初始容量和容量增量的空向量。

3．常用的方法

(1) 向向量中添加元素。添加一个元素即是添加一个新对象，有两种情况，可以用 Vector 提供的两种不同方法来实现。

① void addElement(Object obj)——在向量的最后增加一个元素。

② void insetElementAt(Object obj,int index)——在向量的指定位置插入一个元素。

(2) 从向量中删除元素。从向量中删除元素(对象)有 3 种情况，可以用 Vector 提供的 3 种不同方法来实现。

① void removeAllElement( )——删除向量中的所有元素。

② void removeElement(Object ob)——删除向量中一个指定的元素(仅删除第一次出现的元素)。

③ void removeElementAt(int index)——删除向量中一个指定位置上的元素。

(3) 搜索向量中的元素。有时需要得到向量中特殊位置上的元素(对象),或判断向量元素中是否包含某个对象,可以使用如下方法。

① Object firstElement( )——返回这个向量的第一个元素。

② Object lastElement( )——返回这个向量的最后一个元素。

③ Object ElementAt(int index)——返回这个向量中指定位置的元素。

④ Boolean contains(Object elem)——如果 elem 元素在这个向量中,则返回 true。

(4) 获取向量的基本信息。

① int capacity( )——返回这个向量的当前容量。

② int size( )——返回这个向量的元素个数。

【例 5.18】 使用 Vector 类的示例。

```
import java.util.*;
class VectorTest{
    public static void main(String[] args){
        Vector vec=new Vector(3);
        System.out.println(" old capacity is "+vec.capacity());
        vec.addElement(new Integer(1));
        vec.addElement(new Integer(2));
        vec.addElement(new Integer(3));
        vec.addElement(new Float(2.78));
        vec.addElement(new Double(2.78));
        System.out.println(" new capacity is "+vec.capacity());
        System.out.println(" new size is "+vec.size());
        System.out.println(" first item is "+vec.firstElement());
        System.out.println(" last item is "+vec.lastElement());
        if(vec. contains(new Integer(2)))
            System.out.println(" found 2");
        vec. removeElementAt(1);
        if(vec.contains(new Integer(2)))
            System.out.println(" found 2");
        else
            System.out.println(" after deleting not found 2");
    }
}
```

程序运行结果:

```
old capacity is 3
new capacity is 6
new size is 5
first item is 1
last item is 2.78
found 2
after deleting not found 2
```

5.5.2 Stack 类

Stack 是 Vector 的一个子类，用于实现标准的后进先出堆栈。Stack 仅仅定义了创建空堆栈的默认构造方法。Stack 包括了由 Vector 定义的所有方法，同时增加了几种它自己定义的方法，介绍如下。

(1) boolean empty( )——如果堆栈是空的，则返回 true，当堆栈包含元素时，则返回 false。
(2) Object peek( )——返回位于栈顶的元素，但是并不在堆栈中删除它。
(3) Object pop( )——返回位于栈顶的元素，并在堆栈中删除它。
(4) Object push (Object element)——将元素 element 压入堆栈，同时也返回 element。
(5) int search(Object element)——在堆栈中搜索元素 element，如果有该元素，则返回它相对于栈顶的偏移量，否则返回-1。

【例 5.19】 向堆栈中添加元素并弹出。本例中使用了 Java 异常处理。

```
import java.util.*;
class StackTest{
    public static void main(String[] args) {
        Stack stack1=new Stack();        //构造一个空堆栈 stack1
            try {
                stack1.push(new Integer(0));
                stack1.push(new Integer(1));
                stack1.push(new Integer(2));
                stack1.push(new Integer(3));
                stack1.push(new Integer(4));
                System.out.println((Integer)stack1.pop());
                System.out.println((Integer)stack1.pop());
                System.out.println((Integer)stack1.pop());
                System.out.println((Integer)stack1.pop());
                System.out.println((Integer)stack1.pop());
            } catch(EmptyStackException e){ }
    }
}
```

程序运行结果：

```
4
3
2
1
0
```

5.5.3 Hashtable 类

Vector 类描述的是顺序表，而 Hashtable 类描述的是散列表，也称为哈希表，它通过映射集合的方式，将一个元素通过其关键字与其存储位置相关联。

散列表使用关键字查找元素，而不是使用线性搜索技术来查找元素，从而使查找性能得到大幅度提升。影响散列表性能的因素有两个：初始容量和装载因子。初始容量是指散列表创建时的容量；装载因子是散列表中元素个数与最多能容纳总数的比值，它反映了散列表的饱和程度，其值在 0 到 1 之间，通常是 0.75。

散列表的具体工作原理已超出了本书的范围，在此不进行讲解。

Java 中的 Hashtable 类实现了散列表，它是 Dictionary 类的子类，Dictionary 类是抽象类，与查字典操作类似，它通过一个关键字(key)来查找元素。

按照 Java 对集合类的规定，Hashtable 类中的关键字(key)、元素都必须是对象。Hashtable 类按照一定的算法建立关键字(key)对象与元素对象间的对应关系，形成"关键字－元素"对，将关键字对象映射到相应的元素对象。通过这种方式将对象存储到散列表中。在查找对象时，根据关键字对象来确定元素对象在散列表中的位置，实现快速查找。

使用 Hashtable 类时要注意：用做关键字的对象必须实现 hashCode 方法和 equals 方法，另外，任何非 null 对象都可以作为 Hashtable 中的关键字或元素。

Hashtable 类的构造方法有以下几个。

(1) public Hashtable()：用默认的初始容量 (11) 和装载因子 (0.75) 构造一个新的空散列表。

(2) public Hashtable(int initalcapacity)：用指定的初始容量和默认的装载因子 (0.75) 构造一个新的空散列表。

(3) public Hashtable(int initalcapacity,float loadfactor)：用指定的初始容量和指定的装载因子构造一个新的空散列表。

Hashtable 类几个常用的方法如下。

(1) Object put(Object key, Object value)：以 key 为关键字，向散列表中添加元素 value。如果表中还没有以 key 为关键字的元素，添加后返回 null。如果表中已存在以 key 为关键字的元素，添加后返回前一个元素。

(2) Object get(Object key)：返回关键字为 key 的元素。如果表中没有此元素，则返回一个空对象。

(3) Object remove(Object key)：删除散列表中关键字为 key 的元素，返回与 key 相关联的元素。如果表中没有关键字为 key 的元素，则返回一个空对象。

(4) boolean containsValue(Object value)：判断散列表中是否含有某元素，是则返回 true，否则返回 false。

(5) boolean containsKey(Object key)：判断散列表中是否含有关键字为 key 的元素，是则返回 true，否则返回 false。

另外，size()方法用于返回表中元素的个数，isEmply()方法用于判断是否是空表，clear()方法用于清空整个散列表。

例如，如果要创建一个以整数为元素的散列表，关键字使用整数的英文单词，则可以使用下列代码：

```
Hashtable numbers = new Hashtable();
numbers.put("one", new Integer(1));
numbers.put("two", new Integer(2));
numbers.put("three", new Integer(3));
```

如果按关键字查找一个整数元素，可使用下列代码：

```
Integer n = (Integer)numbers.get("two");
if (n != null) {
    System.out.println("two = " + n);
}
```

作为应用散列表的一个典型例子，可考虑用一个程序来检验 Java 的 Math.random()方法的随机性到底如何。在理想情况下，它应该产生一系列完美的随机分布数字。但为了验证这一点，需要生成数量众多的随机数字，然后计算落在不同范围内的数字有多少。散列表可以极大地简化这一工作，因为它能将对象同对象关联起来(此时是将 Math.random()生成的值同那些值出现的次数关联起来)。

【例 5.20】 用 Hashtable 来检验随机数的随机性。

```
import java.util.*;
class Counter {
    int i = 1;
    public String toString() {
        return Integer.toString(i);
    }
}
class Statistics {
    public static void main(String[] args) {
        Hashtable ht = new Hashtable();
        for(int i = 0; i < 10000; i++) {
                        // 产生一个 0 ~ 20 间的随机数字
            Integer r = new Integer((int)(Math.random() * 20));
            if(ht.containsKey(r))   //若 ht 中含有关键字 r(Integer 对象)
                        //获取 r 对应的元素,转换为 Counter 对象,其 i 计数
                ((Counter)ht.get(r)).i++;
            else            //若 ht 中没有关键字 r
                        //将一个 Counter 对象存入关键字 r 对应的位置，其 i 为 1
                ht.put(r, new Counter());
        }               //endfor
        System.out.println(ht);
    }
}
```

在 main 方法中，每次产生一个 0~20 间的随机数字，并封装到一个 Integer 对象 r 中，这样，就能将 r 作为关键字对象应用到散列表中(不可对一个集合使用基本数据类型，只能使用对象引用)。containKey 方法检查这个关键字 r 是否在散列表中(也就是说，那个数字以前是否出现过)，若已存在，则 get()方法获得这个关键字 r 关联的 Counter 对象，并将 Counter 对象(计数器)内的值 i 增加 1，表明这个特定的随机数字(它与对象 r 对应)又出现了一次。

如果关键字 r 以前尚未出现过，那它就不在散列表中，方法 put()以 r 为关键字，将一个新的 Counter 对象(计数器)存储到散列表内。在这种情况下，该 Counter 对象是新建的，其变量 i 自动初始化为 1，它标志着与对象 r 对应的随机数字是第一次出现。

为了显示散列表，只需把它简单地打印出来即可。Hashtable 类的 toString()方法能遍历所有"关键字－元素"对，并为每一对都调用 toString()方法。在本例中，作为关键字的是 Integer 类的对象，其 toString()方法是系统事先定义好的，作为元素的是 Counter 类的对象(计数器)，已经为其定义了 toString()方法，因此，Hashtable 类的 toString()方法能够顺利执行。一次运行的结果如下(添加了换行)：

```
{19=491, 18=510, 17=504, 16=519, 15=469, 14=498, 13=478, 12=500, 11=522, 10=506,
9=487, 8=492, 7=503, 6=509, 5=511, 4=521, 3=516, 2=483, 1=458, 0=523}
```

5.5.4　foreach 语句的使用

foreach 的语句格式：

```
for(元素类型 t 元素变量 x:遍历对象 obj) {    引用了 x 的 Java 语句;}
```

foreach 并不是一个关键字，习惯上将这种特殊的 for 语句格式称为"foreach"语句。从英文字面理解，foreach 就是"for 每一个"的意思。

foreach 语句是 Java 5 的新特征之一，在遍历数组、集合方面，foreach 为开发人员提供了极大的方便。foreach 语句是 for 语句的特殊简化版本，但是 foreach 语句并不能完全取代 for 语句，然而，任何的 foreach 语句都可以改写为 for 语句版本。

【例 5.21】 foreach 语句示例。

```java
import java.util.Arrays;
import java.util.Vector;
class Exam_foreach {
    public static void main(String args[]) {
        Exam_foreach test = new Exam_foreach();
        test.outputArray1();
        test.outputArray2();
        test.outputArray3();
        test.outputVector();
    }
    public void outputArray1() {                //使用 foreach 语句输出一维数组
        int arr[] = {2, 3, 1};                  //定义并初始化一个数组
        System.out.print("\n排序前的一维数组:");
        for (int x:arr) {                       //逐个输出数组元素的值
            System.out.print(" "+x);
        }
        Arrays.sort(arr);                       //对数组排序
        System.out.print("\n排序后的一维数组:");
        for (int x:arr) {                       //逐个输出数组元素的值
```

```java
            System.out.print(" "+x);
        }
    }
    public void outputArray2() {                //使用foreach输出二维数组
        int arr2[][] = {{4, 3}, {1, 2}};        //定义二维数组
        System.out.print("\n输出二维数组:");
        for (int x[]:arr2)                      //逐个输出数组元素的值
            for (int e:x)
                System.out.print(" "+e);
    }
    public void outputArray3() {                //使用foreach输出三维数组
        int arr[][][] = {
                {{1, 2}, {3, 4}},
                {{5, 6}, {7, 8}}
        };
        System.out.print("\n输出三维数组:");
        for (int[][] a2:arr)
            for (int[] a1:a2)
                for (int x:a1)
                    System.out.print(" "+x);
    }
    public void outputVector() {                //使用froeach语句输出集合元素
        Vector list = new Vector();             //创建Vector并添加元素
        list.add("1");
        list.add("3");
        list.add("4");
        System.out.print("\n输出集合元素:");
        for (Object x:list) {                   //逐个输出集合元素
            System.out.print(x.toString());
        }
        Object s[] = list.toArray();            //将Vector转换为一维数组
        System.out.print("\n输出转换后的数组元素:");
        for (Object x:s) {                      //逐个输出数组元素的值
            System.out.print(x.toString());
        }
    }
}
```

程序运行结果：

```
排序前的一维数组：2 3 1
排序后的一维数组：1 2 3
输出二维数组: 4 3 1 2
输出三维数组: 1 2 3 4 5 6 7 8
输出集合元素:134
输出转换后的数组元素:134
```

小　结

一维数组完整的定义和创建格式如下：

数组元素类型　数组名[ ]=new 数组元素类型[数组元素个数]；

数组元素类型[ ]　数组名=new 数组元素类型[数组元素个数]；

数组元素通过下标进行访问。在访问数组元素时，要特别注意下标的越界问题。可以通过数组的 length 属性，获取其中元素的个数。

Java 通过 main 方法从命令行中接收参数。可以获得这些参数的值，并应用到程序的执行过程中。

数据类型类包括 Character 类、Byte 类、Short 类、Integer 类、Long 类、Float 类、Double 类和 Boolean 类，分别对应于基本数据类型 char、byte、short、int、long、float、double 和 boolean。数据类型类本身包括自己的属性和方法，从而能够完成许多基本数据类型所不能完成的功能。

String 类和 StringBuffer 类用来完成字符串处理，它们都具有多个构造方法(构造函数)。通常使用 String 类来定义固定长度字符串。当字符串长度空间不确定时，应该使用 StringBuffer 类，它具有更丰富的功能。

Java 的集合类是 java.util 包中的重要内容。常用的有向量类 Vector、堆栈类 Stack、散列表类 Hashtable 等。更多有关类库的介绍和使用方法，需要查阅 Java 技术文档。

习　题

1. 数据类型类的 MAX_VALUE 属性和 MIN_VALUE 属性代表什么？
2. 简述数据类型类的常用方法。
3. 设计一个程序，将一维数组中元素的顺序倒置。若数组元素的顺序原来是 1、2、3、4、5，则倒置后的顺序变为 5、4、3、2、1。
4. 将 10 个数存入一维数组中，求其中的最小值。
5. 设定一批整数，使用选择法对其按从小到大的顺序排序并输出。
6. 从命令行中接收两个姓名字符串，按照"Hello　姓名2 and　姓名1"的格式输出。若输入是"<命令> Jerry　Tom"，则输出是"Hello　Tom　and　Jerry"。
7. 指出下列陈述的对错，并做出解释。
(1) 当 String 对象用==比较时，如果 String 包括相同的值，则结果为 true。
(2) 一个 String 类的对象在其创建后可被修改。
8. 对于下列描述，各写出一条语句完成要求的任务。
(1) 比较串 s1 和串 s2 的相等性。
(2) 用+=向串 s1 附加串。
(3) 判断串 s1 的长度。

9. 下面关于 Vector 类的说法中正确的是：
   A. 类 Vector 在 java.util 包中。
   B. 一个向量(Vector)对象存放的是一组有序的对象。
   C. 一个向量(Vector)对象的大小可以随着存放的元素个数的增加而自动增加。
   D. 一个向量(Vector)对象中的每个元素可以是不同类型的对象。
10. 有 3 个字符串，编写程序找出其中最大者。
11. 编写一个程序，设定一个有大小写字母的字符串，先将字符串的大写字符输出，再将字符串中的小写字符输出。
12. 设定 5 个字符串，要求只输出那些以字母"b"开头的字符串，编写程序完成此功能。
13. 设定一个有大小写字母的字符串和一个查找字符，使用类 String 方法 indexOf()来判断在该字符串中该字符出现的次数。

第 6 章　Java 异常处理

教学目标：通过本章学习，了解异常和异常的分类，理解 Java 异常处理机制和异常类。重点掌握 try/catch/finally 语句处理异常的方式以及如何声明异常。了解自定义异常。

教学要求：

知识要点	能力要求	关联知识
异常处理机制	(1) 了解 Java 异常机制 (2) 掌握 Java 处理异常的两种方式	try{}catch{}finally{} throws
抛出异常	掌握手动抛出异常的方法	throw
自定义异常	掌握自定义异常的方法	继承异常类

重点难点：
- Java 异常处理机制
- try{}catch{}finally{}
- 自定义异常

6.1　异常处理概述

6.1.1　异常

在程序执行中，任何中断正常程序流程的条件就是异常。例如，发生下列情况时会出现异常：想打开的文件不存在、网络连接中断、受控操作数超出预定范围、正在装载的类文件丢失(可能是文件名没有区分大小写)，等等。

引起 Java 异常发生的因素可以归结为以下几点。

第一种，Java 虚拟机检测到了非正常的执行状态，这些状态可能是由以下几种情况引起的。

(1) 表达式的计算违反了 Java 语言的语义，例如整数被 0 除。

(2) 在载入或链接 Java 程序时出错。

(3) 超出了某些资源限制，例如使用了太多的内存。

第二种，Java 程序代码中的 throw 语句被执行。

第三种，异步异常发生。发生异步异常的原因可能有以下两个。

(1) thread 的 stop 方法被调用。

(2) Java 虚拟机内部错误发生。

在 Java 中，所有的异常都由类来表示。当程序中发生一个异常时，就会生成某种异常类的对象。所有的异常类都是从一个名为 Throwable 的类派生出来的。Throwable 有两个直接子类：Error 和 Exception。

Error 类(错误类)定义了被认为是不能恢复的严重错误条件。在大多数情况下,当遇到这样的错误时,建议让该程序中断。这样的异常超出了程序的可控制范围,大多数与程序本身的操作无关,因此不作为本章讲述的主要内容。

由程序运行所导致的异常由 Exception 类(异常类)来表示,它定义了程序中可能遇到的轻微的错误条件,是可预测、可恢复的问题。针对这些轻微的故障、可恢复的故障,可以编写代码来处理,以使程序继续执行而不是中断。

6.1.2 异常处理机制

程序运行所导致的异常发生后,由 Java 语言提供的异常处理机制处理,Java 异常处理机制由捕获异常和处理异常两部分组成。

在 Java 程序执行过程中如果出现了异常事件,就会生成一个 Exception 类的异常对象。生成的异常对象将传递给 Java 运行时系统,这一异常的产生和提交过程称为抛出(throw)异常。当 Java 运行时系统得到一个异常对象时,它将会寻找处理这一异常的代码。找到能够处理这种类型的异常的方法后,运行时系统把当前异常对象交给这个方法进行处理,这一过程称为捕获(catch)异常。通过捕获异常并进行处理,程序恢复。如果 Java 运行时系统找不到可以捕获异常的方法,则运行时系统将终止,相应地 Java 程序也将退出。

6.1.3 异常分类

如前所述,所有的异常类都是从 Throwable 类派生出来的,Error 类和 Exception 类是 Throwable 类的两个直接子类。实际上,Throwable 类又是 Object 的直接子类。所以说,异常类 Exception(java.lang.Exception)继承于 java.lang.Object 中的 java.lang.Throwable 类,继承关系如图 6.1 所示。

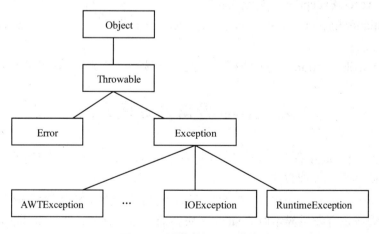

图 6.1 异常类的继承结构

异常类 Exception 可分为执行异常(RuntimeException)和检查异常(Checked Exceptions)两种。

1. 执行异常

执行异常即运行时异常,继承于 RuntimeException。Java 编译器允许程序不对它们做出处理。下面列出了主要的运行时异常。

(1) ArithmeticException:一个不寻常算术运算产生的异常。
(2) ArrayStoreException:一个对象数组存放一个错误类型的对象时产生的异常。
(3) ArrayIndexOutOfBoundsException:数组索引超出范围时所产生的异常。
(4) ClassCastException:两个类型间的转换不兼容时所产生的异常。
(5) IllegalArgumentException:程序调用时,返回错误自变量的数据类型。
(6) IllegalThreadStateException:线程在不合理状态下运行时所产生的异常。
(7) NumberFormatException:字符串转换成数值时所产生的异常。
(8) IllegalMonitorStateException:线程等候或通知对象时所产生的异常。
(9) IndexOutOfBoundsException:索引超出范围时所产生的异常。
(10) NegativeException:数组建立负值索引时所产生的异常。
(11) NullPointerException:对象引用参考值为 null 时所产生的异常。
(12) SecurityException:违反安全性限制时所产生的异常。

2. 检查异常

除了执行异常外,其余的子类属于检查异常类,也称为非运行时异常,它们都在 java.lang 类库内定义。Java 编译器要求程序必须捕获或者声明抛出这种异常。下面列出了主要的检查异常。

(1) ClassNotFoundException:找不到类或接口时所产生的异常。
(2) CloneNotSupportedException:使用对象的 clone 方法时无法执行 Cloneable 所产生的异常。
(3) IllegalAccessException:类定义不明确时所产生的异常。
(4) InstantiationException:使用 new Instance 方法试图建立一个类 Instance 时所产生的异常。
(5) InterruptedException:当前线程等待执行,另一线程中断当前线程所产生的异常。

6.2 Java 异常的处理方法

为了写出健壮的 Java 程序,当程序出现 Exception 类异常时就应当进行处理,Java 程序提供了以下两种异常处理方式:

(1) 通过 try{}catch(){}finally{} 块处理异常。把可能会发生异常的程序代码放在 try 区块中,那么当程序执行发生异常时,catch 区块会捕捉这个异常,并且以区块内的程序代码来处理异常。finally 区块则负责处理一些必要的工作,并且,无论 try 区块内的程序代码是否发生异常,finally 区块内的程序代码都会被执行。

(2) 将异常抛给上一层调用它的方法,由上一层方法进行异常处理,或继续向更上一层方法抛出该异常。

6.2.1　try/catch/finally

1. try/catch

异常处理的核心是 try 和 catch。这两个关键字要一起使用，只有 try 而没有 catch，或者只有 catch 而没有 try 都是不可以的。当 try 描述的代码块遇到异常发生的情况时，程序控制权由 try 转移到 catch 代码块进行异常处理。如果没有异常发生，程序不会执行 catch 描述的代码块。下面是 try/catch 异常处理代码块的基本形式：

```
try                                         //监视
{
    可能发生异常的代码块;
}
catch(异常类型  异常对象名)                   //捕获并处理异常
{
    异常处理代码块;
}
```

只有当 try 监视的 "可能发生异常的代码块" 出现异常时，catch 语句才会捕获产生的异常对象并接收它的值，执行 "异常处理代码块"。如果没有出现异常，那么 try 代码块就会正常执行结束，并且会跳过 catch 语句，从 catch 后面的第一条语句继续执行。

【例 6.1】 使用 try/catch 进行异常处理的情况。

```java
public class ExceptionExam1 {
    public static void main(String args[]) {
        int i,a;
        try {                                       //监视这一代码块
            i=0;
            a=42/i;                                 //此处会产生异常
            return;
        }
        catch (ArithmeticException e) {             //捕获一个被零除异常
            System.out.println("被零除");           //处理异常
        }
    }
}
```

该程序输出结果：被零除

> **注意：** 在本例中 try 块内的 return 语句是不会被执行的。当异常被引发时，程序控制由 try 块转到 catch 块。一旦执行了 catch 语句，程序控制从整个 try/catch 机制的下面一行继续，不会从 catch 块 "返回" 到 try 块。

需要说明的是，构造 catch 子句的目的是解决异常问题，并且像错误没有发生一样继续运行。catch 语句只有一个异常对象作为 "参数"，参数可以是一个类或一个接口。当一个异常发生时，try/catch 语句会寻找与该异常类相匹配的参数。一个参数与指定异常相匹配，有 3 种情况：一是该参数和指定的异常是同一个类；二是该参数是指定异常的子类；三是当参数是一个接口时，指定异常类实现了这个接口。

2. 使用多重 catch 语句

在某些情况下,由单个代码段引起的异常可能有多种类型。处理这种情况时,就需要定义两个或更多的 catch 子句,每个子句捕获一种类型的异常。这样,一个 try 语句就与多个 catch 语句相关,构成多重 catch 语句。其形式如下所示:

```
try
{
    可能发生异常的代码块;
}
catch(异常类型 1  异常对象名 1)
{
    异常处理代码块 1;
}
…
catch(异常类型 n  异常对象名 n)
{
    异常处理代码块 n;
}
```

当异常被引发时,异常类型决定了要执行哪个 catch 语句。即依次检查每一个 catch 子句,如果有一个 catch 语句指定的异常类型与发生的异常类型相符,那么就执行该 catch 语句。当一个 catch 语句执行以后,其他的子句被忽略,程序从 try/catch 块后的代码开始继续执行。

注意: 在多重 catch 语句中,每一个 catch 语句捕获的必须是不同类型的异常。

【例 6.2】 捕获两种不同类型的异常。

```java
public class ExceptionExam2 {
    public static void main(String args[]) {
        try {
                int i = args.length;
                System.out.println("i ="+i);
                int j=5/i;
                int k[]={ 1,2,3 };
                k[5]=0;
        }
        catch(ArithmeticException e)  {
                System.out.println("被零除: " + e);
        }
        catch(ArrayIndexOutOfBoundsException e)  {
                System.out.println("Array index out of bound exception: " + e);
        }
        System.out.println("执行 catch 块后的语句块");
    }
}
```

该程序的运行结果如图 6.2 和图 6.3 所示。

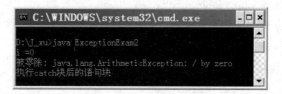

图 6.2 例 6.2 的运行结果(1)

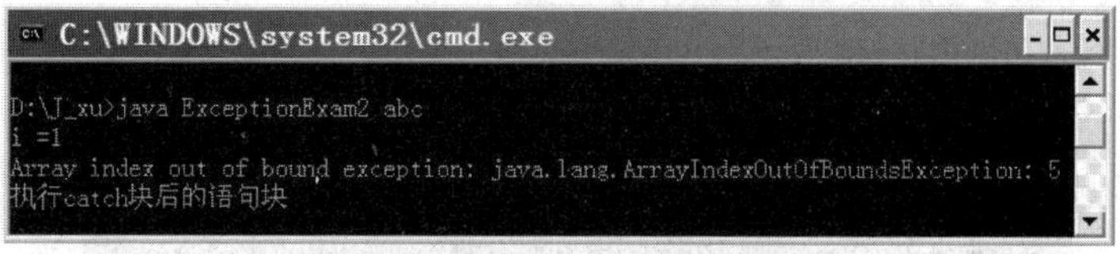

图 6.3 例 6.2 的运行结果(2)

两次运行的不同输出结果证实，每一条语句只对自己的异常类型做出反应。总之，程序按照 catch 语句出现的顺序进行检查，只执行匹配的语句，忽略其他所有的 catch 代码块。

3. finally 关键字的使用

当一个方法中产生异常后，可能导致程序终止当前方法并返回。然而，该方法或许已经执行了某些动作，比如打开了一个文件或者建立了一个网络连接等，此时，需要在退出 try/catch 代码块时执行一些必要的操作。Java 提供了关键字 finally 来处理这种情况。

为了在退出 try/catch 代码块时设定一段必须要执行的代码，在 try/catch 代码块的末尾引入了一个 finally 代码块。try/catch/finally 的基本形式如下所示：

```
try
{
        可能发生异常的代码块；
}
catch(异常类型  异常对象名)
{
        异常处理代码块；
}
finally
{
        无论是否产生异常都要执行的代码；
}
```

finally 代码块是可选的。一旦设定了 finally 代码块，无论是出于何种原因，只要执行离开 try/catch 代码块，就会执行 finally 代码块。

【例 6.3】 finally 的使用示例。

```
public class ExceptionExam3 {
    public static void main(String [] args)       {
        try {
            int [] a=new int[3];
            a[3]=4;
            return;
        }
```

```
        catch(ArithmeticException e) {
            System.out.println("发生了异常");
        }
        finally {
            System.out.println("最后执行的语句!");
        }
    }
}
```

该程序的运行结果如图 6.4 所示。

图 6.4　例 6.3 的运行结果

尽管 finally 代码块是可选的，但是，如果有 finally 代码块，则不管 try/catch 代码块中的代码怎样执行、是否发生异常，finally 块中的代码总要被执行，即使 try 或者 catch 中有 return 语句，也不会真正的从所在方法中跳出，而是将控制权转到 finally 块中。根据这个特点，通常用 finally 代码块完成一些资源释放、清理的工作。如关闭 try 程序块中所有打开的文件，断开网络连接，使用 getMessage()方法返回保存在某个异常中的描述字符串，使用 PrintStackTrace()方法把调用堆栈的内容打印出来，等等。

6.2.2　声明异常

在有些情况下，基于某种原因不方便或不想立即对出现的异常进行处理。Java 提供了另一种处理异常的方式：声明异常(throws)，即将出现的异常向调用它的上一层方法抛出，由上层的方法进行异常处理或继续向上一层方法抛出该异常。在这种情况下，可以使用 throws 子句标记方法的声明，表明该方法不对产生的异常进行处理，而是向调用它的方法抛出该异常。带有 thorws 子句的方法的声明格式如下：

[修饰符]　返回类型 方法名(参数1,参数2,…)throws 异常列表
{…}

例如：

public int read () throws Exception
{…}

【例 6.4】 声明抛出异常的程序的格式。

```
import java.io.*;
public class ExceptionExam4
{
   public static void go()   throws IOException
   { … }    //方法代码
   public static void main(String [] args)
   { … }    //程序入口主方法代码
}
```

因为考虑到 go()方法可能产生一个 IOException 异常，而此时无法处理该异常，因此就要从 go()方法抛出这个异常，并且需要这样来指定异常。另外要注意，IOException 是属于 java.io 包的。Java 的 I/O 系统包含在 java.io 包中，因此 IOException 也包含在其中。所以可以先使用语句 "import java.io.*;" 导入 java.io 包，然后直接引用 IOException。

6.2.3 抛出异常

使用 throw 语句，可以在程序中手动抛出异常。抛出异常首先要生成异常对象，手动抛出的异常对象必须是 Throwable 或其子类的实例。其基本形式如下：

```
throw 异常对象；
```

throw 关键字主要用在 try 块中，用来说明已经发生的异常情况。throw 关键字后面跟随的异常对象用来说明抛出的异常类型。throw 语句促使程序立即停止运行，并执行最近能够处理指定异常对象的 catch 语句。如果异常在程序的其他地方产生，throw 语句也可以放在 try 语句的后面。为了把异常处理控制传递给更高层的处理模块，还可以对截获的异常对象再一次实施 throw 操作。

所有的异常类都有两个构造方法，以 Exception 类为例，生成 Exception 类的异常对象可以使用下列两个构造方法之一：

```
public Exception();
public Exception(String s );
```

第一个是无参的构造方法，第二个构造方法可以接受字符串 s 参数传入的信息，该信息通常是对该异常所对应的错误的描述。

下面是一个通过手动抛出 IOException 来说明 throw 关键字的例子。

【例 6.5】 使用 throw 关键字手动抛出 IOException 异常。

```
import java.io.*;
public class ExceptionExam5 {
    public static void main(String [] args) {
        try {
            System.out.println("…正在运行程序…");
            throw new IOException("用户自行产生异常");
        }
        catch(IOException e) {
            System.out.println("已捕获了该异常!");
            System.out.println(e. getMessage());  //使用 getMessage()方法
        }
    }
}
```

该程序的运行结果如图 6.5 所示。

图 6.5　例 6.5 的运行结果

注意：throw 语句中是如何使用 new 创建 IOException 对象的。throw 要抛出一个 IOException 对象，所以必须使用 new IOException()或者 new IOException(String s)创建一个 IOException 类的异常对象来抛出。在本例中，使用 new IOException("用户自行产生异常")创建了 IOException，使用 getMessage()方法获得异常的描述信息并进行了输出。

6.2.4 自定义 Java 异常

尽管 Java 的内置异常能够处理大多数常见错误，但有时还可能出现系统没有考虑到的异常，此时可以自己建立异常类型来处理所遇到的特殊情况。

自己建立一个异常类，类似定义一个普通类，只是这个异常类必须是 Throwable 类的直接或间接子类。例如，如果定义一个类继承自 Exception 类，则这个类就是 Exception 类型的自定义异常类。

自定义异常的基本形式如下所示：

```
class 自定义异常  extends 父异常类名
{
    类体;
}
```

【例 6.6】 自定义异常示例。

```java
class ExceptionExam6_1 extends Exception {    //自定义异常类ExceptionExam6_1
    private int show;
    ExceptionExam6_1 (int a) {
        show=a;
    }
    public String toString() {
        return "ExceptionExam6_1 <"+show+">";
    }
}
public class ExceptionExam6 {
    static void caculate(int a) throws ExceptionExam6_1 {
        System.out.println("对["+ a +"]已经进行过相应的操作");
        if(a>100)
            throw new ExceptionExam6_1 (a);
        System.out.println("执行该算法正常退出!");
    }
    public static void main(String args[]) {
        try {
            caculate(1);
            caculate(1000);
        }
        catch (ExceptionExam6_1 e) {
            System.out.println("捕获了异常" + e);
        }
    }
}
```

该程序的运行结果如图 6.6 所示。

图 6.6　例 6.6 的运行结果

使用自定义异常时需要注意如下几点。
(1) 自定义异常类必须是 Throwable 的直接或间接子类。
(2) 一个方法所声明抛出的异常是作为这个方法与外界交互的一部分而存在的。方法的调用者必须了解这些异常，并确定如何正确地处理它们。
(3) 用异常代表错误，而不要再使用方法返回值。

小　　结

Java 中的异常类具有层次组织。其中 Throwable 类是 Error 类和 Exception 类的父类，是 Object 的直接子类。异常类(java.lang.Exception)继承于 java.lang.Object 中的 java.lang.Throwable 类。异常又可分为执行异常(RuntimeException)和检查异常(Checked Exceptions)两种。Error 类对象由 Java 虚拟机生成并抛出。

Java 语言的异常处理机制由捕获异常和处理异常两部分组成。捕获异常和处理异常可以格式化地的表示为：

```
try {
    可能发生异常的代码块；
}
catch(异常类型 1  异常对象名 1){
    异常处理代码块 1；
}
    …
catch(异常类型 n  异常对象名 n){
    异常处理代码块 n；
}
finally {
    无论是否抛出异常都要执行的代码；
}
```

异常处理模块可以嵌套，允许异常处理发生在多个地方。嵌套异常处理通常用在第一个处理程序无法完全从错误中恢复过来的情况下。

使用 throws 子句标记方法的声明，表明该方法不对产生的异常进行处理，而是向调用它的方法抛出该异常。带有 thorws 子句的方法的格式如下：

```
[修饰符]　返回类型 方法名(参数 1,参数 2,…)throws 异常列表
{……}
```

使用 throw 语句,可以在程序中手动抛出异常。手动抛出的异常对象必须是 Throwable 或其子类的实例。其基本形式如下:

```
throw 异常对象;
```

可以使用异常类的构造方法创建一个异常对象,所有的异常类都有两个构造方法,一个是无参的构造方法,一个是带有信息描述的字符串参数的构造方法。

自己定义的异常类必须是 Throwable 类的直接或间接子类。自定义异常的基本形式如下:

```
class 自定义异常    extends 父异常类名
    { 类体; }
```

习　题

1. 列出 5 个常见的异常。
2. 写出 Java 语言的异常处理机制的优点。
3. 为什么异常处理技术不应该用于常规的程序控制?
4. 引起异常产生的条件是什么?
5. 异常没有被捕获将会发生什么?
6. 编写一个程序,说明 catch(Exception e)如何捕获各种异常。
7. 下面代码段中的 finally 语句块会被执行吗?

```
public class ExceptionExam3 {
    public static void main(String [] args) {
        try {
            int [] a=new int[3];
            System.exit(0);
        }
        catch(ArrayIndexOutOfBoundsException e)
            { System.out.println("发生了异常"); }
        finally
            { System.out.println("Finally"); }
    }
}
```

8. throws 的作用是什么?
9. 应在程序的什么地方使用异常处理?
10. 下面的代码有什么错误吗?

```
class ExceptionExam{…}
throw new ExceptionExam();
```

11. 编写程序,首先输出"这是一个异常处理的例子",然后在程序中自动地产生一个 ArithmeticException 类型(被 0 除而产生)的异常,并用 catch 语句捕获这个异常。最后通过 ArithmeticException 类的对象 e 的方法 getMessage 获得异常的具体类型并显示出来。

12. 根据创建自定义异常类的格式,编写一个自定义异常的简单程序。

第 7 章 Java 数据流

教学目标：通过本章学习，了解流类的继承关系，能够使用常用的输入输出流类完成程序设计。

教学要求：

知识要点	能力要求	关联知识
流的概念	了解 Java 中流的概念，及常用流的继承关系	输入流、输出流
字节流	(1) 了解常用字节流的概念及用法 (2) 熟练使用字节流完成程序设计	InputStram、OutputStream、FileInputStream、FileOutputStream、DataInputStream、DataOutputStream
字符流	(1) 了解常用字符流的概念及用法 (2) 熟练使用字符流完成程序设计	Reader、Writer、FileReader、FileWriter、BufferedReader、BufferedWriter、InputStreamReader、OutputStreamWriter
随机文件	熟练使用 RandomAccessFile 类读写随机文件	RandomAccessFile
目录文件管理	熟练使用 File 类管理目录与文件	File

重点难点：

➢ 流的概念
➢ 字节流与字符流的使用
➢ 目录管理

7.1 Java 数据流概述

Java 语言处理输入输出数据的功能体现在 java.io 包中。java.io 包中提供了各种各样的输入输出流类，它们都是 Object 类的直接子类，每一个流类代表一种特定的输入流或输出流。

所谓流是指同一台计算机或网络中不同计算机之间有序运动着的数据序列，Java 把这些不同来源和不同目标的数据都统一抽象为数据流。数据流中的数据可以是没有进行加工的原始数据(二进制字节数据)，也可以是经过编码的符合某种格式规定的数据，Java 提供了不同的流类用于对它们进行相应的处理。

数据流可分为输入流和输出流。输入流代表从其他设备流入计算机的数据序列，输出流代表从计算机流向外部设备的数据序列。以程序为基准，从输入流中向程序输入数据称为读数据(read)，反之，从程序中将数据输出到输出流中称为写数据(write)。

按照 Java 输入/输出流的数据类型，可以将数据流分为字节流和字符流两类。

字节流按字节读/写二进制数据。在 javo.io 包中，基本输入流类(InputStream)和基本输出流类(OutputStream)是处理 8 位字节流的类，读写以字节为基本单位进行。

字符流的输入/输出数据是 Unicode 字符，当遇到不同的编码时，Java 的字符流会自动将其转换成 Unicode 字符。javo.io 包中的 Reader 类和 Writer 类是专门处理 16 位字符流的类，其读写以字符为单位进行。

为了提高数据的传输效率，通常使用缓冲流(buffered stream)，即为一个流配一个缓冲区(buffer)，一个缓冲区就是专门用于传送数据的一块内存。当向一个缓冲流写入数据时，系统将数据发送到缓冲区，而不是直接发送到外部设备。缓冲区自动记录数据，当缓冲区满时，系统将数据全部发送到相应的设备。当从一个缓冲流中读取数据时，系统实际上是从缓冲区中读取数据的。当缓冲区空时，系统就会从相关设备自动读取数据，并读取尽可能多的数据充满缓冲区。因此，缓冲流提高了内存与外部设备之间的数据传输效率。

图 7.1 显示了常用的基本流类。图 7.2 显示了常用字节流的继承关系。图 7.3 显示了常用字符流的继承关系。

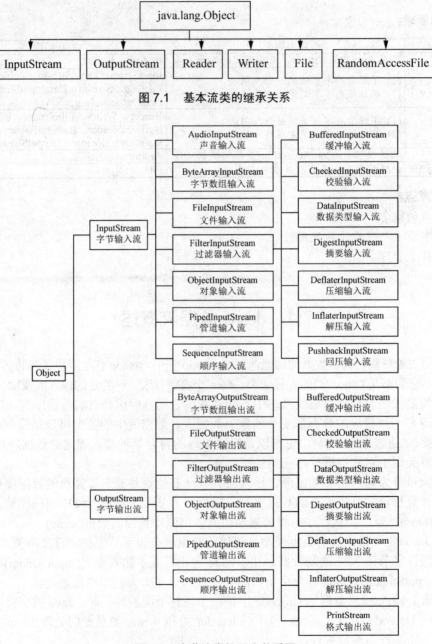

图 7.1 基本流类的继承关系

图 7.2 字节流类的层次关系图

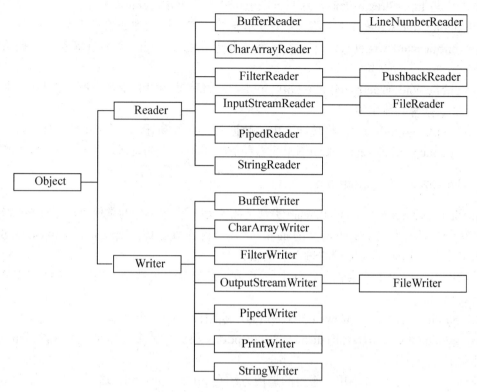

图 7.3 字符流类的层次关系图

7.2 Java 字节流

7.2.1 InputStream 类与 OutputStream 类

InputStream 类是一个抽象类，作为字节输入流的直接或间接父类，它定义了许多有用的、所有子类必需的方法，包括读取、移动指针、标记、复位、关闭等方法。下面介绍了这些方法，需要注意的是，这些方法大多可能抛出 IOException 异常。

(1) public int read()：从输入流的当前位置读取一个字节的数据，并返回一个整型值，如果当前位置没有数据，则返回-1。该方法为 abstract，由子类来具体实现。

(2) public int read(byte[] b)：从输入流的当前位置开始读取多个字节，并将它们保存到字节数组 b 中，同时返回所读到的字节数，如果当前位置没有数据，则返回-1。

(3) public int read(byte[] b,int off,int len)：从输入流的当前位置读取指定个数(len)的字节，将读取的字节保存到字节数组 b 中，并且要从数组 b 指定索引(off)位置开始起，同时返回所读到的字节数，如果当前位置没有数据，则返回-1。

(4) public int available()：返回输入流中可以读取的字节数。

(5) public void close()：关闭输入流，并释放输入流占用的系统资源。

(6) OutputStream 类也是抽象类，作为字节输出流的直接或间接父类，当程序需要向外部设备输出数据时，需要创建 OutputStream 的某一个子类的对象来完成。下面介绍该类的常用方法，与 InputStream 类似，这些方法也可能抛出 IOException 异常。

(7) public void write(int b)：将 int 型变量 b 的低字节写入到数据流的当前位置。

(8) public void write(byte [] b)：将字节数组 b 的 b.length 个字节写入到数据流的当前位置。

(9) public void write(byte[] b, int off, int len)：将字节数组 b 中从下标 off 开始、长度为 len 的字节数据写到输出流。

(10) public void flush()：将缓冲区中的数据强制写入到外部设备并清空缓冲区。

(11) public void close()：关闭输出流并释放输出流占用的资源。

7.2.2 System.in 与 System.out

由于 InputStream 类与 OutputStream 类都是抽象类，因此实际中通常使用它们的子类(实现了抽象方法)进行程序设计。System 类的 in 和 out 属性就分别实现了 InputStream 和 OutputStream 类或者其子类，用于完成标准的输入与输出。

(1) System.in 用于标准输入，其中 read 方法从键盘接收数据，当发生 I/O 错误时，抛出 IOException 异常。

(2) public int read()　throws IOException：返回读入的一个字节。

(3) public int read(byte[] b) throws IOException：将读入的多个字节返回缓冲区 b 中，如果输入流结束，则返回-1。

System.out 用于屏幕输出，常用的调用方法有 print 和 println，这两个方法支持 Java 的任意基本类型作为参数，且已在前面各章的程序中多次使用。

【例 7.1】 编写程序，接收用户从键盘输入的数据，按回车键后，在显示屏幕上显示输入的数据以及输入的字符个数。若用户输入符号#，则退出程序。

```java
import java.io.*;
public class StreamTest{
    public static void main(String [] args) throws IOException{
        byte [] b=new byte[255];
        int i=0;
        System.out.println("开始输入......");
        while(true){
            i=System.in.read(b);
            System.out.println("包含回车、换行总共输入了"+i+"个字符,具体字符为:");
            for(int j=0;j<i;j++){
                System.out.print((char)b[j]);
            }
            if((char)b[i-3]=='#')  { break; } //输入行的最后一个字符是#
        }
        System.out.println("输入完毕!");
    }
}
```

在程序中分别使用 System.in 与 System.out 进行输入与输出。需要注意的是，用户输入数据后按回车键时，实际输入的数据包含了"回车"和"换行"两个字符(即\r\n，其 ASCII 码值是 10，\n 是 13)，因此数据的个数会比从屏幕上看到的多两个字符。最后用 if 语句做判断时，也要回退两个字符，最后一个字符的索引会由"i-1"变成"i-3"。程序的运行结果如图 7.4 所示。

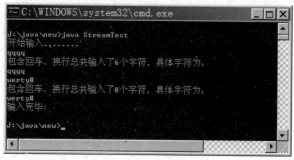

图 7.4　例 7.1 的运行结果

7.2.3　FileInputStream 类与 FileOutputStream 类

文件输入输出流 FileInputStream 类和 FileOutputStream 类分别是抽象类 InputStream 和 OutputStream 的子类，继承并改写了大部分的方法。这两个类主要用于对文件进行读写操作，所有的读写操作针对的是以字节为单位的二进制数据。

FileInputStream 类和 FileOutputStream 类使用构造方法创建输入输出的对象，通过引用该对象的读写方法来完成对文件的输入输出操作。在构造方法中，需要指定与所创建的输入输出对象相连接的文件。要构造一个 FileInputStream 对象，所连接的文件必须存在而且是可读的；要构造一个 FileOutputStream 对象，如果输出文件已经存在且可写，该文件内容会被新的输出所覆盖。

以下是 FileInputStream 类的两个常用构造方法。

(1) public FileInputStream(String name)：为参数 name 所指定的文件名创建一个 FileInputStream 对象。例如：

```
FileInputStream fin=new FileInputStream(" D:\\javapj\\ex.java");
```

(2) public FileInputStream(File file)：参数 file 是已经创建的 File 对象，为 file 对象相对应的文件创建一个 FileInputStream 对象。例如：

```
File  f=new File(" D:\\javapj\\ex.java");
FileInputStream fin=new FileInputStream(f);
```

FileOutputStream 类的构造方法在格式上与 FileInputStream 类基本相同，分别为 public FileOutputStream(String name)和 public FileOutputStream(File file)。

【例 7.2】　编写程序，接收用户从键盘输入的数据，回车后保存到文件 test.txt 中。若用户输入符号#，则退出程序。

```
import java.io.*;
public class WriteFile{
   public static void main(String args[]) {
   byte buffer[]=new byte[128];
      System.out.print("请输入数据,按回车键后保存到文件test.txt中,");
      System.out.println(" 输入#则退出!");
      try{
```

```
            FileOutputStream f=new FileOutputStream("test.txt");
            while(true){
                int n=System.in.read(buffer);
                if(buffer[0]=='#' )      break; //输入行的第一个字符是#
                f.write(buffer,0,n-1);     //共n个字节,从0~n-1
                f.write('\n');
            }
            f.close();
        }catch(IOException e) {
            System.out.println(e.toString());
        }
    }
}
```

程序运行结果：

请输入数据,按回车键后保存到文件test.txt中,输入#则退出!
Hello,Java!
1234
#

此时，可以打开文件 test.txt 查看内容。

【例 7.3】 使用 FileInputStream 类与 FileOutputStream 类复制文件。

```
import java.io.*;
class ReadWriteFile{
   public static void main(String[] args) {
       String file1,file2 ;
       int ch = 0 ;
       file1 = "readme.txt" ;
       file2="readme.bak";
       try {
           FileInputStream fis = new FileInputStream(file1);
           FileOutputStream fos=new FileOutputStream(file2);
           int size=fis.available();              //含回车换行符\r\n
           System.out.println("字节有效数: "+size);
           while ((ch=fis.read())!=-1){            //判断文本文件是否结束
               System.out.write(ch);               //向屏幕上输出
               fos.write(ch);                      //向文件输出
           }
           fis.close();
           fos.close();
       }
       catch (IOException e){
           System.out.println(e.toString());
       }
   }
}
```

在本例中，利用 FileInputStream 对象 fis 的 read()方法按字节对 readme.txt 文件进行读取，每次读取一个字节存入 ch 变量(int 型)，再通过 FileOutputStream 对象 fos 的 write()方法将读取的 int 型的低字节部分顺序写入 readme.bak 文件中。

对于文件较小的情况，也可以不用以上循环结构来读取，可以直接根据文件字节数创建字节数组，使用 read(byte b[])方法一次性地读取文件内容到字节数组中，再进行处理。可以使用如下代码实现这样的功能：

```
size=fis.available();
System.out.println("字节有效数："+size);        //含回车换行符\r\n
byte b[]=new byte[size];
fis.read(b);                                    //一次性读取文件的内容
//fis.read(b,0,size);                           //也可以使用这种形式
System.out.println(new String(b));              //向屏幕上输出
fos.write(b);                    //输出，将 b 的 b.length 个字节写入到数据流的当前位置
```

读者可以据此替换上例中的部分代码，自行验证。

7.2.4 DataInputStream 类与 DataOutputStream 类

在实际情况中，有时需要处理的数据不一定是字节数据，而是具有某种格式的数据。Java 的基本数据类型中就有占几个字节的数据，如 int 型、float 型、double 型等。对于这些类型的数据，Java 提供了专门的格式输入输出流来处理。DataInputStream 和 DataOutputStream 分别实现了 java.io 包中的 DataInput 和 DataOutput 接口，能够读写 Java 基本数据类型的格式数据和 Unicode 编码格式的字符串。这样，在输入输出数据时就不必关心该数据究竟包含多少字节了。

DataInputStream 类和 DataOutputStream 类是从过滤流类继承过来的，这两个流的对象均不能独立地实现数据的输入和输出处理，必须与 FileInputStream 类和 FileOutputStream 类相配合才能完成对格式数据的读写。

DataInputStream 类和 DataOutputStream 类的构造方法：

```
public DataInputStream(InputStream in);
public DataOutputStream(OutputStream out);
```

如果要完成对文件中各种格式数据的读入，需要将一个文件输入流对象 fin 与一个格式输入流对象 in 相连，如下所示：

```
FileInputStream fin=new FileInputStream("myfile.dat");
DataInputStream in=new DataInputStream(fin);
```

如果要完成将各种格式数据的写入，需要将一个文件输出流对象 fout 与一个格式输出流对象 out 相连，如下所示：

```
FileOutputStream fout=new FileOutputStream("myfile.dat");
DataOutputStream out=new DataOutputStream(fout);
```

接下来就可以使用格式输入输出流对象的常用方法读写数据了。表 7-1 中列出了 DataInputStream 类和 DataOutputStream 类的常用方法。

表7-1 数据输入/输出流类读写数据的常用方法

DataInputStream 类的读方法	DataOutputStream 类的写方法
boolean readBoolean()	void writeBoolean(Boolean v)
byte readByte()	void writeByte(int v)
char readChar()	void writeBytes(String s)
double readDouble()	void writeChar(int v)
float readFloat()	void writeChars(String s)
int readInt()	void writeDouble(double v)
long readLong()	void writeFloat(float v)
short readShort()	void writeInt(int v)
int readUnsignedByte()	void writeLong(int v)
int readUnsignedshort()	void writeShort(int v)
void readFully(byte[] b)	void writeUTF(String str)
void readFully(byte[] b, int off,int len)	
int skipBytes(int n)	
String readUTF()	

【例7.4】 使用 DataInputStream 类和 DataOutputStream 类读写格式文件。

```
import java.io.*;
public class fdsRW{
    public static void main(String[] args){
        String file="student.dat";
        Student s1=new Student();
        Student s2=new Student(15,"李明",20,'A',true);
        try{
        FileOutputStream fo=new FileOutputStream(file);    //创建文件输出流对象
        DataOutputStream out=new DataOutputStream(fo);     //创建数据输出流对象
        out.writeInt(s1.sno);                              //写文件
        out.writeUTF(s1.name);
        out.writeInt(s1.age);
        out.writeChar(s1.grade);
        out.writeBoolean(s1.sex);
        out.writeInt(s2.sno);
        out.writeUTF(s2.name);
        out.writeInt(s2.age);
        out.writeChar(s2.grade);
        out.writeBoolean(s2.sex);
        out.close();                                       //关闭数据输出流
        fo.close();                                        //关闭文件输出流
        System.out.println("文件:"+file+"创建完毕!");
        System.out.println("开始读取文件内容:");
        FileInputStream fi=new FileInputStream(file);      //创建文件输入流对象
        DataInputStream in=new DataInputStream(fi);        //创建数据输入流对象
            for(int i=1;i<=2;i++){                         //读取文件内容
```

```java
                int sno=in.readInt();
                String sname=in.readUTF();
                int age=in.readInt();
                char grade=in.readChar();
                boolean sex=in.readBoolean();
                System.out.println(sno+"\t"+sname+"\t"+age+"\t"+grade+"\t"
                +sex);
            }
            in.close();
            fi.close();
        }catch(IOException e){
            System.out.println(e.toString());
        }
    }
}
class Student{
    int sno;
    String name;
    int age;
    char grade;
    boolean sex;
    public Student(){
        this.sno=0;
        this.name="未知";
        this.age=0;
        this.grade='C';
        this.sex=true;
    }
    public Student(int sno,String name,int age,char grade,boolean sex){
        if(sno>0) this.sno=sno;
        this.name=name;
        this.age=age;
        this.grade=grade;
        this.sex=sex;
    }
}
```

程序运行结果：

文件:student.dat 创建完毕！

开始读取文件内容：

0	未知	0	C	true
15	李明	20	A	true

在该例子中，先创建了两个 Student 类的对象 s1、s2，然后将对象的属性信息以格式数据的方式写入 student.dat 文件中，最后再读出 student.dat 文件的内容显示在屏幕上。

7.3 Java 字符流

7.3.1 Reader(字符输入流)类与 Writer(字符输出流)类

Reader、Writer 类与其子类是处理字符流(Character Stream)的相关类,并且支持 Unicode 标准字符集。简单地说,就是对流数据以一个字符(两个字节)的长度为单位来进行处理(0~65535,0x0000~0xffff),并根据字符编码进行适当的转换处理,即 Reader、Writer 与其子类可以用于进行所谓纯文本文件的字符读/写。

Reader 类的常用方法与 InputStream 类相似,Writer 类的常用方法与 OutputStream 类相似。它们的主要区别是:InputStream 类和 OutputStream 类操作的是字节,而 Reader 类和 Writer 类操作的是字符。

Reader 和 Writer 都是抽象类,通常都使用其子类进行程序设计。常用的子类包括 FileReader 类、FileWriter 类、BufferedReader 类、BufferedWriter 类等,其子类分别重写了不同功能的 read()、write()等方法,以解决实际问题。

7.3.2 FileReader 类与 FileWriter 类

FileReader 用于读取字符流, FileWriter 用于写入字符流。它们都是 Reader 和 Writer 的子类,实现了对字符文件的读写操作。

常用的构造方法有如下几个。

(1) FileReader(String fileName):用给定的文件名创建一个文件字符输入流。
(2) FileReader(File file):用给定的 File 对象创建一个文件字符输入流。
(3) FileWriter(String fileName):用给定的文件名创建一个文件字符输出流。
(4) FileWriter(File file):用给定的 File 对象创建一个文件字符输出流。
(5) FileWriter(String fileName, boolean append):用给定的文件名创建一个文件字符输出流,boolean 值指示是否以追加方式写入数据。
(6) FileWriter(File file, boolean append):用给定的 File 对象创建一个文件字符输出流,boolean 值指示是否以追加方式写入数据。

【例 7.5】 使用字符流,读取 a.txt 中的内容并写入 b.txt 文件中。

```java
import java.io.*;
public class FileReaderTest{
    public static void main(String [] args) throws IOException{
        FileReader fr=new FileReader("a.txt");      //构造方法
        FileWriter fw=new FileWriter("b.txt");      //构造方法
        char [] content=new char[255];
        int i=0;
        while((i=fr.read(content))!=-1){
            fw.write(content,0,i);
        }
        fr.close();
        fw.close();
    }
}
```

7.3.3 BufferedReader 类与 BufferedWriter 类

BufferedReader 类与 BufferedWriter 类也称为缓冲字符流类，它们都是 Reader 和 Writer 的子类。

BufferedReader 类用于从字符输入流中读取文本，BufferedWriter 用于将文本写入字符输出流中。它们具有字符缓冲功能，从而实现字符、数组和行的高效读取。

BufferedReader 的常用方法有以下几个。

(1) BufferedReader(Reader in)：构造方法，创建一个缓冲字符输入流，使用默认缓冲区。

(2) BufferedReader(Reader in, int sz)：构造方法，创建一个缓冲字符输入流，指定输入缓冲区的大小。

(3) close()：关闭该流并释放与之关联的所有资源。

(4) mark(int readAheadLimit)：标记流中的当前位置。

(5) read()：读取单个字符。

(6) read(char[] cbuf)：将字符数据读入到字符数组中。

(7) read(char[] cbuf, int off, int len)：将字符读入到数组的某一部分。

(8) readLine()：读取一个文本行。

(9) ready()：判断此流是否已准备好被读取。

(10) reset()：将流重置到最新的标记。

(11) skip(long n)：跳过 n 个字符不读取。

BufferedWriter 的常用方法有以下几个。

(1) BufferedWriter(Writer out)：方法，构造创建一个缓冲字符输出流，使用默认缓冲区。

(2) BufferedWriter(Writer out, int sz)：构造方法，创建一个缓冲字符输出流，指定输出缓冲区的大小。

(3) close()：关闭此流，但要先刷新它。

(4) flush()：刷新该流的缓冲区。

(5) newLine()：将一个行分隔符写入到流中。

(6) write(char[] cbuf)：将字符数组写入到流中。

(7) write(char[] cbuf, int off, int len)：将字符数组的某一部分写入到流中。

(8) write(int c)：将单个字符写入到流中。

(9) write(String s)：将字符串写入到流中。

(10) write(String s, int off, int len)：写入字符串的某一部分到流中。

通常，Reader、Writer 进行的每个读写操作都会导致对底层字符或字节流产生相应的读写请求。因此，对于读写操作开销可能很高的 Reader、Writer，建议用缓冲字符流 BufferedReader、BufferedWriter 包装，以便提高效率。例如：

```
BufferedReader in = new BufferedReader(new FileReader("foo.in"));
```

PrintWriter out = new PrintWriter(new BufferedWriter(new FileWriter("foo.out")));

【例7.6】 使用缓冲字符流，读取 a.txt 中的内容并写入 b.txt 文件中。

```java
import java.io.*;
public class BufferedReaderTest{
    public static void main(String [] args) throws IOException{
        BufferedReader br=new BufferedReader(new FileReader("a.txt"));
        BufferedWriter bw=new BufferedWriter(new FileWriter("b.txt"));
        String s="";
        while(true){
            s=br.readLine();
            if(s==null) break;
            bw.write(s,0,s.length());
            bw.newLine();
        }
        br.close();
        bw.close();
    }
}
```

7.3.4　InputStreamReader 与 OutputStreamWriter

InputStreamReader 类与 OutputStreamWriter 类可以完成字节流-字符流间的转换，也称为转换流类。可以指定进行转换所使用的字符集(charset)，或者使用系统平台默认的字符集。

InputStreamReader 类用于将输入的字节流变为字符流，即将一个字节流的输入对象变为字符流的输入对象。OutputStreamWriter 类用于将输出的字符流变为字节流，即将一个字符流的输出对象变为字节流输出对象。

如果以文件操作为例，则从文件中读入的字节流通过 InputStreamReader 变为字符流。内存中的字符数据通过 OutputStreamWriter 变为字节流，保存到文件中。

为了获得最高的效率，可考虑将 InputStreamReader 包装到 BufferedReader 中，将 OutputStream Writer 包装到 BufferedWriter 中，以避免频繁调用转换器。例如：

```
BufferedReader in = new BufferedReader(new InputStreamReader(System.in));
BufferedWriter out = new BufferedWriter(new OutputStreamWriter(System.out));
```

常用的构造方法如下。

(1) InputStreamReader(InputStream in)：创建使用默认字符集的 InputStreamReader 对象。

(2) InputStreamReader(InputStream in, String charsetName)：创建使用指定字符集的 InputStreamReader 对象。

(3) OutputStreamWriter(OutputStream out)：创建使用默认字符集的 OutputStreamWriter 对象。

(4) OutputStreamWriter(OutputStream out, String charsetName)：创建使用指定字符集的 OutputStreamWriter 对象。

【例7.7】 将从键盘上输入的文字存入 a.txt 文件中，直至遇到 "#" 字符。

```java
import java.io.*;
public class InputStreamReaderTest{
    public static void main(String [] args) throws IOException{
        BufferedReader br = new BufferedReader(new InputStreamReader
```

```
            (System.in));
        BufferedWriter bw=new BufferedWriter(new FileWriter("a.txt"));
        String s="";
        while(!s.equals("#")){
            s=br.readLine();
            bw.write(s,0,s.length());
            bw.newLine();
        }
        br.close();
        bw.close();
    }
}
```

7.4 读写随机文件

前面介绍的访问文件的方式是顺序方式：顺序读取、顺序写入。有时需要在文件的某一位置任意读写内容。对于例 7.4 中的 student.dat 文件，如果含有多个学生的记录信息，先要读取其中的某一条记录，最好能够直接到达该记录所在的位置读取，而不必从第一条开始顺序读取，这时就需要对文件进行随机访问。

RandomAccessFile 类是随机访问文件的类。它为文件定义了一个当前位置指针(指示器)，指示操作位置的开始。通过移动这个指针，就可以改变操作位置，实现对文件的随机读写。

RandomAccessFile 类直接继承自 Object 类，同时实现了 DataInput 接口和 DataOutput 接口，所以 RandomAccessFile 类既可以作为输入流，又可以作为输出流。

1. 构造方法

RandomAccessFile 类提供了如下两个构造方法。

public RandomAccessFile(File file,String mode);

public RandomAccessFile(String name,String mode);

在第一个构造方法中，参数 file 表示要将已经创建的文件对象作为要打开的文件。在第二个构造方法中，参数 name 表示所对应的文件名。

参数 mode 表示访问文件的方式字符串，取值为 "r"，表示以只读方式打开文件，取值为 "rw"，表示以读写方式打开文件。

例如：

```
    RandomAccessFile rf=new RandomAccessFile("student.dat","r");
```

表示以只读方式打开当前目录下的 student.dat 文件。

```
    File f1=new File("d:\\javapj\\mydata.dat");
    RandomAccessFile rwf=new RandomAccessFile(f1, "rw");
```

表示以读写方式打开 d:\javapj\mydata.dat 文件。

2. 控制指针的方法

在创建 RandomAccessFile 类对象的同时，系统自动创建了文件位置指针，指向这个文件开始处，即文件位置指针的初始值是 0。当执行读写操作时，每读/写一个字节，指针自动增加 1，使指针指向被读写数据之后的第一个字节处，即下一次读/写的开始位置处。

RandomAccessFile 类提供了一些控制指针移动的方法。

(1) public long getFilePointer()：获取当前指针指向文件的位置。

(2) pulbic void seek(long pos)：将指针移动到参数 pos 指定的位置。

(3) public int skipBytes(int n)：指针从当前位置向后移动 n 个字节，并返回指针实际移动的字节数。

3. 读写数据的常用方法

因为 RandomAccessFile 类实现了 DataInput 和 DataOutput 两个接口，因此，它与前面讲述的 DataInputStream 类和 DataOutputStream 类一样，具备读写 Java 的基本数据类型和 Unicode 编码字符串的功能，读写数据所用的方法也彼此相似。例如，readInt()方法用于读取一个 int 类型数，writeInt(int v)方法用于写入一个 int 类型数，readUTF()和 writeUTF(String str)可以按 UTF-8 编码读写一个字符串，等等。

该类中还提供了 readLine()方法，用于文本文件的读取，一次读取文件的一行。readLine()方法的结果以字符串返回，同时，文件指针自动移到下一行的开始位置。行的结束标记使用回车符(\r)、换行符(\n)或回车换行符(\r\n)。由于该方法把字节转化为字符时，将高 8 位设为 0，所以会导致有些字符显示不正确，如中文字符等。

除此之外，RandomAccessFile 类还包括其他一些常用的方法，例如：

public void close():关闭输入输出流；

public long length():获取文件的长度。

【例 7.8】 读取随机文件中的字符信息。其中的 getBytes()方法用于将字符串转换为字节数组的形式，用于字节数据流。

```
import java.io.*;
public class Readtext {
    public static void main(String[] args) {
        String str1;
        char ch1;
        int n;
        try{
            File mytxt=new File("read.txt");
            RandomAccessFile ra=new RandomAccessFile(mytxt,"rw");
            ra.writeBytes("This is the first sentence"); //将字符串按字节写入
            ra.writeChar('\n');
            ra.write("Java Program Design".getBytes());
            ra.writeChar('\n');
            ra.seek(0);
            str1=ra.readLine();
            System.out.println(str1);
            ra.seek(18);
```

```
            System.out.println(ra.readLine());
            ra.close();
        }catch(IOException e)   {
            System.out.println(e.toString());   }
    }
}
```

程序运行结果：

```
This is the first sentence
Sentence
```

【例 7.9】 利用 RandomAccessFile 实现记录式访问。

```
import java.io.*;
public class RaFile {
    public static void main(String[] args) {
        Student s[]=new Student[4];
        s[0]=new Student("zhangsan",17,false);
        s[1]=new Student("lisi",18,true);
        s[2]=new Student("wangwu",20,true);
        s[3]=new Student("zhaoliu",19,false);
        try{
            RandomAccessFile ra=new RandomAccessFile("student.dat","rw");
            for(int i=0;i<4;i++) {         //将4个学生信息写入文件中
                ra.writeBytes(s[i].name);   //将字符串按字节写入
                ra.writeInt(s[i].age);
                ra.writeBoolean(s[i].sex);
            }
            System.out.println("随机文件字节数："+ra.length());
            ra.seek(0);                    //文件指针指向开始位置
            System.out.println("第一条学生记录：");
            byte b[]=new byte[8];
            ra.read(b);
            int age=ra.readInt();
            boolean sex=ra.readBoolean();
            System.out.println(new String(b)+"\t"+age+"\t"+sex);

            ra.skipBytes(26);              //访问第4条记录
            System.out.println("移动后指针位置："+ra.getFilePointer());

            ra.read(b);
            age=ra.readInt();
            sex=ra.readBoolean();
            System.out.println(new String(b)+"\t"+age+"\t"+sex);

            ra.close();
        }catch(IOException e) {
            System.out.println(e.toString());   }
    }
}
class Student{                             //Student 类的定义
```

```
        String name;
        int age;
        boolean sex;
        final static int LEN=8;
        Student(String name,int age,boolean sex){
            if(name.length()>LEN){
                name = name.substring(0,8);//超过 8 个字符时,取前 8 个
            }
            else{
                while(name.length()<LEN)
                    name=name+"\u0000";        //不足 8 位,补足
            }
            this.name=name;
            this.age=age;
            this.sex=sex;
        }
    }
```

程序运行结果:

随机文件字节数: 52
第一条学生记录:
zhangsan   17   false
移动后指针位置: 39
Zhaoliu   19   false

对于随机文件中字符串的写入,本例使用了 RandomAccessFile 类的 writeBytes(String str)方法,它将字符串按字节写入文件中。

7.5 目录与文件管理

文件操作类 File 不属于流式操作,它是专门用来管理目录和文件的(实际上,Java 把目录看做一种特殊的文件)。每一个 File 类的对象都与某个目录或文件相联系,调用 File 类的方法可以对目录或文件进行管理,如文件或目录的创建、删除、重命名等。File 类直接处理文件和文件系统,并不处理文件的具体内容。

1. File 类的构造方法

与其他类一样,使用 File 类之前需要使用构造方法创建 File 类的对象。

(1) public File(String pathname):创建一个对应于参数 pathname 的 File 类对象。参数 pathname 是包含目录和文件名的字符串,如果没有文件名,则代表目录。例如:

File file1=new File("d:\\javapj\\myinput");

File file2=new File("d:\\javapj\\myinput\\mysys.java");

前者表示创建一个 File 对象 file1 与目录 "d:\javapj\myinput" 相联系(注意:转义字符 "\\" 代表一个 "\");后者表示创建一个 File 对象 file2 与 "d:\javapj\myinput\mysys.java" 这个文件相联系。

考虑到程序的可移植性，尽量不要使用绝对路径，而要使用相对路径。如当前程序所在目录为 javapj，创建 file2 对象可以写成：

```
File file2=new File("myinput\\mysys.java");
```

(2) public File(String parent, String child)：该构造方法将 pathname 分成 parent 和 child 两部分，参数 parent 表示目录或文件所在的路径，参数 child 表示目录或文件的名称。例如：

```
File file1=new File("d:\\javapj" , "myinput");
File file2=new File("d:\\javapj\\myinput","mysys.java");
```

(3) public File(File parent, String child)：该构造方法与上面一个的不同之处在于，将 parent 的参数类型由 String 转换为 File，代表 parent 是一个已经创建了的 File 类文件对象(指向目录)。例如：

```
File file1=new File("d:\\javapj\\myinput");
File file2=new File(file1, "mysys.java");
```

2. File 类的常用方法

File 类为各种文件操作提供了一套完整的方法，可以使用这些方法来完成对目录和文件的管理。在此列出了 File 类的一些常用方法。

(1) public boolean canWrite()：返回文件是否可写。

(2) public boolean canRead()：返回文件是否可读。

(3) public boolean createNewFile()：当文件不存在时创建文件。

(4) public boolean delete()：从文件系统内删除该文件。

(5) public void deleteOnExit()：程序顺利结束时从系统中删除文件。

(6) public boolean exists()：判断文件是否存在。

(7) public File getAbsoluteFile()：以 File 类对象形式返回文件的绝对路径。

(8) public String getAbsolutePath()：以字符串形式返回文件的绝对路径。

(9) public String getName()：以字符串形式返回文件名称。

(10) public boolean isDirectory()：判断该 File 对象所对应的是否是目录。

(11) public boolean isFile()：判断该 File 对象所对应的是否是文件。

(12) public long lastModified() ：返回文件的最后修改时间。

(13) public int length()：返回文件长度。

(14) public String[] list()：返回文件和目录清单。(字符串对象)

(15) public File[] listFiles()：返回文件和目录清单。(File 对象)

(16) public boolean mkdir()：在当前目录下生成指定的目录。

(17) public boolean renameTo(File dest)：将当前 File 对象对应的文件名改为 dest 对象对应的文件名。

(18) public boolean setReadOnly()：将文件设置为只读。

(19) public String toString()：将文件对象的路径转换为字符串返回。

【例 7.10】 使用 File 类读取文件大小等相关属性，并设置为只读。

```java
import java.io.*;
import java.util.Date;
public class filetest {
    public static void main(String []args) {
        String filename="d:\\J_xu\\abc.class";        //使用转义符
        File myfile=new File(filename);
        if(!myfile.exists() ) {
            System.err.println(filename+"未找到!"); //使用了System中的err
            return;
        }
        if( myfile.isDirectory() ) {
            System.err.println("文件对象"+myfile.getName()+"是目录!");
            File ds=new File("mydata");
            if(!ds.exists()) {
                ds.mkdir();
                System.out.println("目录"+ds.getAbsolutePath()+"创建结束!");
            }
            return;
        }
        if(myfile.isFile()) {
            System.out.println("文件对象:"+myfile.getAbsolutePath());
            System.out.println("文件字节数:"+myfile.length());
            System.out.println("文件是否能读:"+myfile.canRead());
            if(myfile.canWrite()) {
                System.out.println("设置文件为只读:"+myfile.setReadOnly());
            }
            System.out.println("文件是否可写:"+myfile.canWrite());
            Date fd=new Date(myfile.lastModified());
            System.out.println("文件上次修改时间:"+fd.toString());
        }
    }
}
```

程序运行结果：

```
文件对象:d:\J_xu\abc.class
文件字节数:2038
文件是否能读:true
文件是否可写:false
文件上次修改时间:Tue Jun 21 17:15:18 CST 2011
```

上述程序的功能是读取 d:\J_xu\abc.class 文件大小等相关属性，如果该文件可写，就将文件属性改为只读属性。执行了上述程序后右击文件 d:\J_xu\abc.class，可以查看到文件属性改为只读属性。

【例 7.11】 显示指定目录下的所有文件名和子目录名。程序中使用了 listFiles()方法，它以 File 对象的形式返回文件和目录清单。

```java
import java.io.*;
import java.util.Date;
class GetInfoOfDir {
String fname;
```

```java
        File allfile;
        File[] getall;
        int x;
        GetInfoOfDir(){

            fname= new String("G:\\2011xu");
            allfile=new File("G:\\2011xu");

            //fname= new String("E:\\fortest");
            //allfile=new File("E:\\fortest");
            getall=allfile.listFiles();
            x=getall.length;
        }
        void PutFileInfo() {
            System.out.println(">>>>>>>>>>>文件信息<<<<<<<<<<<<<");
            for(int i=0;i<x;i++) {
                if(getall[i].isFile()) {
                    System.out.println("文件名:"+getall[i].getName());
                    System.out.println("长度:"+getall[i].length()+" ");
                    System.out.println("可读写属性:"+getall[i].canRead()
                    +"/"+getall[i].canWrite());
                    System.out.println("上次修改时间:"+new Date(getall[i].
                    lastModified())+" ");
                    System.out.println("-----------------------------");
                }
            }
        }
        void PutDirInfo() {
            System.out.println(">>>>>>>>>>>>>目录信息<<<<<<<<<<<<<<");
            for(int i=0;i<x;i++) {
                if(getall[i].isDirectory()){
                    System.out.println("目录名:"+getall[i].getName());
                    System.out.println("可读写属性:"+getall[i].canRead()
                    +"/"+getall[i].canWrite());
                    System.out.println("上次修改时间:"+new Date(getall[i].
                    lastModified())+" ");
                    System.out.println("-----------------------------");
                }
            }
        }
}
public class testGetInfoOfDir {
    public static void main(String [] args) {
        GetInfoOfDir tf=new GetInfoOfDir();
        tf.PutFileInfo();
        tf.PutDirInfo();
    }
}
```

程序运行结果：

```
>>>>>>>>>>>>文件信息<<<<<<<<<<<<
文件名:2 国家骨干高职院校推荐书.doc
长度:4174848
可读写属性:true/true
上次修改时间:Wed Nov 17 15:59:30 CST 2010
--------------------------------------------------
文件名:3 国家骨干高职院校建设方案.doc
长度:28154880
可读写属性:true/true
上次修改时间:Wed Nov 17 16:01:56 CST 2010
--------------------------------------------------
>>>>>>>>>>>>目录信息<<<<<<<<<<<<
目录名:青岛 2010 课件
可读写属性:true/true
上次修改时间:Wed Jun 22 11:23:32 CST 2011
--------------------------------------------------
```

小 结

　　Java 把不同来源和目标的数据都统一抽象为数据流。数据流可分为输入流和输出流,通过不同的流类对它们进行处理。

　　基本输入流 InputStream 和基本输出流 OutputStream 是处理 8 位字节流的类;Reader 和 Writer 类是处理 16 位字符流的类。它们都是抽象类,不能用来创建对象,所以,Java 在这些基本流类的基础上派生出一些具体的输入输出流来完成特定类型或特定格式的输入输出操作。

　　在 InputStream 类和 OutputStream 类派生出来的常用子类中,FileInputStream 类和 FileOutputStream 类负责对本地文件的读写操作;DataInputStream 类和 DataOutputStream 类配合 FileInputStream 类和 FileOutputStream 类实现格式数据的读写,而不必关心该数据究竟占用了多少字节。

　　在 Reader 类和 Writer 类派生出来的常用子类中,FileReader 类和 FileWriter 类用于字符流的读写,实现对字符文件的读写操作;BufferedReader 类与 BufferedWriter 类是具有缓冲功能的字符流类,实现对字符、数组和行的高效读写操作;InputStreamReader 类与 OutputStreamWriter 类使用指定的或者默认的字符集完成字节流-字符流间的转换。

　　File 类用来管理目录和文件,如文件或目录的创建、删除、重命名,以及获取相关信息等。

　　RandomAccessFile 类用来对文件进行随机读写操作,并控制文件指针的移动。通过设置其构造方法中的参数,可以指明对文件的访问方式,"r" 表示只读方式,"rw" 表示读写方式。

习 题

1. 什么是流？流式输入输出有什么特点？
2. Java 流被分为字节流、字符流两大类，两者有什么区别？
3. File 类有哪些构造方法和常用方法？
4. 利用文件输入输出流编写一个实现文件复制功能的程序，源文件名和目标文件名通过命令行参数传入。
5. 编写一个程序，在当前目录下创建一个子目录，在这个新创建的子目录下创建一个文件，并把这个文件设置成只读。
6. 位置指针的作用是什么？RandomAccessFile 类提供了哪些方法实现对指针的控制？
7. 编写一个程序，从键盘输入一串字符，统计这串字符中英文字母、数字、其他符号的字符数。
8. 编写一个程序，从键盘输入一串字符，在屏幕上输出并将其存入 a.txt 文件中。
9. 编写一个程序，从键盘输入 10 个整数，将这些数据排序后在标准输出设备上输出。

第 8 章 Java 图形用户界面

教学目标：通过本章学习，掌握图形用户界面基本组件的使用方法，了解如何使用布局管理器对组件进行管理，了解 Java 的事件处理机制。

教学要求：

知识要点	能力要求	关联知识
GUI 基础	(1) 了解 Java 图形界面的基本概念 (2) 理解 AWT 与 Swing 的区别	组件、容器、AWT、Swing
常用控件	(1) 了解常用控件类的使用方法 (2) 熟练使用常用控件类进行程序设计	JFrame、JPanel、JLabel、JButton、JTeaxtField、JTextArea、JComboBox、JList、JRadioButton、JTable、JMenu
布局管理器	(1) 了解常用布局管理器的使用方法 (2) 熟练使用常用布局管理器进行版面布局设计	FlowLayout、BorderLayout、GridLayout、null 布局
事件处理机制	(1) 了解 Java 委托事件处理机制 (2) 掌握常用事件处理方法 (3) 了解事件适配器的作用	ActionEvent、ActionListener、KeyEvent、KeyListener、MouseEvent、MouseListener、KeyAdapter

重点难点：
- 常用控件类的使用方法
- 布局管理器的使用方法
- Java 委托事件处理机制

8.1 Java 图形用户界面概述

8.1.1 AWT 和 Swing

图形用户界面 (Graphical User Interface，GUI)用于为用户提供界面友好的桌面操作环境，使一个应用程序具有与众不同的"外观"与"感觉"。

Java 基类(Java Foundation Classes，JFC)是关于 GUI 组件和服务的完整集合，它大大简化了 Java 应用程序的开发和部署，增强了 GUI 程序的健壮性。JFC 作为 Java SDK 的一个组成部分，主要由 5 个 API 构成：AWT、Swing、Java 2D、Drag and Drop、Accessibility，如图 8.1 所示。

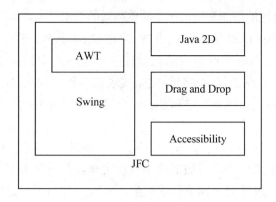

图 8.1 JFC 的组成

抽象窗口工具包(Abstract Window ToolKit，AWT)提供了一套与本地图形界面进行交互的接口。AWT 中的图形函数与操作系统所提供的图形函数之间有着一一对应的关系，称为 peers(对等)。也就是说，AWT 依赖于本地对等组件，当利用 AWT 来构建图形用户界面的时候，实际上是在利用操作系统所提供的图形库。由于不同操作系统的图形库所提供的功能是不一样的，在一个平台上存在的功能在另外一个平台上则可能不存在，AWT 不得不通过牺牲功能来实现其平台无关性。

由于 AWT 是依靠本地方法来实现其功能的，通常把 AWT 控件称为重量级控件(heavy-weight component)。AWT 组件存放在 java.awt 包中，这些组件在它们自己的本地不透明窗口中绘制，在改变其默认行为时，不能为其扩展子类，此外，它们必须是矩形的，且不能有透明背景。

Swing 是在 AWT 的基础上构建的一套新的图形界面系统，它提供了 AWT 所能够提供的所有功能，并且用纯粹的 Java 代码对 AWT 的功能进行了大幅度的扩充。例如，并不是所有的操作系统都提供对树控件的支持，Swing 则利用 AWT 中所提供的基本作图方法对树控件进行了模拟。由于 Swing 控件是用 100%的 Java 代码来实现的，因此在一个平台上设计的树控件可以在其他平台上使用。

Swing 组件没有使用本地方法来实现图形功能，也就没有本地对等组件，通常把 Swing 控件称为轻量级控件(light-weight component)。它不在本地不透明窗口中绘制，而是在它们的重量容器窗口中绘制。轻量级组件不会损失与它们关联的不透明窗口的性能，它们可以有透明的背景及非矩形的外观，但在轻量级组件的容器中必须有一个是重量级组件，否则无法在窗口内绘制轻量级组件。

Swing 组件存放在 javax.swing 包中，它直接扩展了 java.awt.Component 类和 java.awt.Container 类。Swing 用来代替 AWT 中的重量级组件，而不是用来替代 AWT 本身。它利用了 AWT 的底层组件，包括图形、颜色、字体、工具包和布局管理器等。它使用 AWT 最好的部分来建立一个新的轻量级组件集，而丢弃了 AWT 中有问题的重量级组件部分。Swing 支持可插接观感(pluggable look-and-feel)，可插接的观感可使开发人员构建这样的应用程序：这些应用程序可在任何平台上执行，就像是专门为那个特定平台而开发的一样。

通常，因为硬件资源的限制和应用程序简单高效的要求，大多数的嵌入式 Java 虚拟机都提供对 AWT 的支持，不提供对 Swing 的支持。但是，在基于 PC 或者是工作站的标准版 Java 平台上，硬件资源对应用程序所造成的限制往往不是项目中的关键因素，所以提倡使用 Swing 图形界面系统，也就是通过牺牲速度来实现应用程序的功能。

本章将介绍利用 Java 的 AWT 包和 Swing 包进行图形开发的一般方法。

8.1.2 组件和容器

组件(component)是图形用户界面的最小单位之一，是可见的对象，用户可以通过鼠标或键盘对它进行操作，通过对不同事件的响应，完成组件与用户之间或组件与组件之间的交互，包括接收用户的一个命令、一项选择、显示一段文字等。常用的组件有复选框、单选按钮、下拉列表、标签、文本编辑区、按钮、菜单等。

容器(container) 是用来存放和组织其他界面元素的单元。容器内部将包含许多界面元素，这些界面元素本身也可能又是一个容器，这个容器再进一步包含它的界面元素，以此类推就构成一个复杂的图形界面系统。实际上容器也是一个类，是组件的子类，因此容器本身也是一个组件。图 8.2 给出了 AWT 与 Swing 的关系图，图 8.3 列出了 Swing 组件继承关系图。

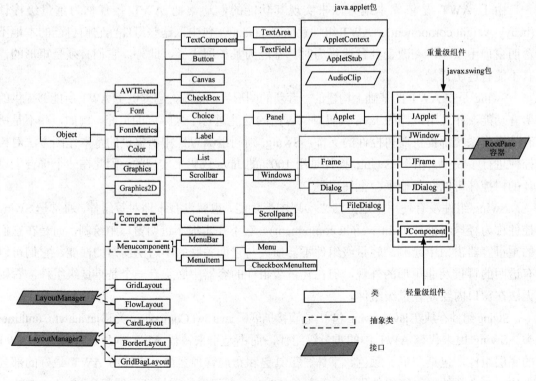

图 8.2　AWT 与 Swing 关系图

第8章 Java 图形用户界面

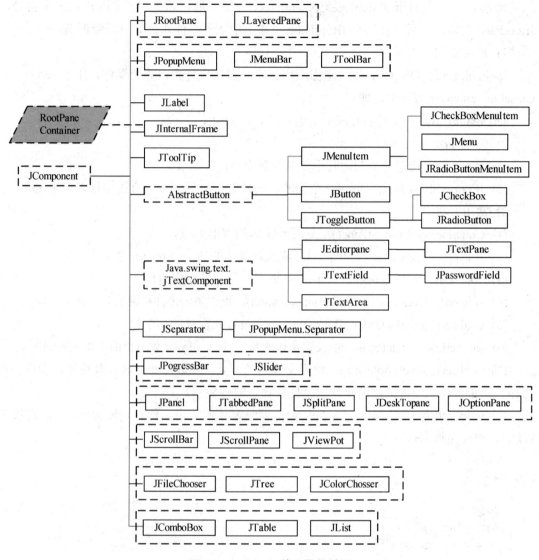

图 8.3 Swing 组件继承关系图

8.2 Swing 常用组件

8.2.1 框架与面板

每一个 GUI 组件都需要被包含在一个顶层容器中。顶层容器可以含有 Menubar，并且含有一个默认的 contentPane 供 GUI 组件放入其中。窗体(JFrame)是常见的顶层容器。

1. JFrame

JFrame 带有边框、标题栏和菜单，是图形开发中不可缺少的容器之一。JFrame 继承了 AWT 中的 Frame 类。但是，和 Frame 类不同，不能直接在 JFrame 上增加子部件和设置布局管理器，必须先调用 JFrame.getContentPane()方法，通过该方法返回 JFrame 中自带的 JRootPane 对象，然后，在这个 JRootPane 对象上增加子组件和设置布局管理器。

1) 常用变量

static int EXIT_ON_CLOSE：退出应用程序时默认执行窗口关闭操作，用于 setDefaultCloseOperation(int)方法中，即：

setDefaultCloseOperation(JFrame.EXIT_ON_CLOSE);

2) 构造方法

(1) JFrame()：构造一个初始时不可见的新窗体。

(2) JFrame(String title)：创建一个新的、初始时不可见的、具有指定标题的 Frame。

3) 常用方法

(1) Container getContentPane()：返回此窗体的容器对象。

(2) JLayeredPane getLayeredPane()：返回此窗体的 layeredPane 对象。

(3) void remove(Component comp)：从该容器中移除指定组件。

(4) void setDefaultCloseOperation(int operation)：设置关闭事件被触发时默认执行的操作。

(5) void setJMenuBar(JMenuBar menubar)：设置此窗体的菜单栏。

(6) void setLocation(int x, int y)：设置窗体的新位置，x 和 y 参数用于指定新位置的左上角。

(7) void setVisible(boolean b)：设置窗体是否可见。参数为 true 时窗体可见，否则隐藏窗体。如果窗体已经可见，则此方法将使窗体在前端显示。

(8) void setSize(int width, int height)：调整窗体的大小，使其宽度为 width，高度为 height，单位是像素。

其中的有些方法例如 setVisible 方法、setSize 方法是其他组件都有的方法。

【例 8.1】 JFrame 示例。

```
import javax.swing.*;
public class JFrameTest{
    JFrame frame;
    public JFrameTest(){
        frame=new JFrame("我的第一个 Frame");              //创建窗体
        frame.setSize(300,200);                            //设置大小
        frame.setDefaultCloseOperation(JFrame.EXIT_ON_CLOSE);//设置关闭事件
        frame.setLocation(200,200);                        //设置窗体位置
        frame.setVisible(true);                            //设置窗体可见
    }
    public static void main(String [] args){
        new JFrameTest();
    }
}
```

例 8.1 运行结果如图 8.4 所示。

图 8.4　例 8.1 运行结果

另外，根据继承关系，继承自 JFrame 的子类也是窗体。因此，创建窗体也可以使用继承 JFrame 类的方式，并且，这种继承的方式对其他的组件类同样适用。

例 8.1 的程序就使用继承的方式创建了窗体。

【例 8.2】　JFrame 示例 2——使用继承。

```
import javax.swing.*;
public class xJFrameT extends JFrame{          //通过继承,xJFrameT 是 JFrame 的子类
    public xJFrameT(){
        this.setTitle("我的第二个 Frame");      //设置标题
        this.setSize(300,200);                 //设置大小
        this.setDefaultCloseOperation(JFrame.EXIT_ON_CLOSE);//设置关闭事件
        this.setLocation(200,200);             //设置窗体位置
        this.setVisible(true);                 //设置窗体可见
    }
    public static void main(String [] args){
        new xJFrameT();
    }
}
```

2. JPanel

JPanel 是一个空白容器类，提供容纳组件的空间，通常用于集成其他的若干组件，使这些组件形成一个有机的整体，进行整体操作，或再增加到别的容器上，甚至增加到另一个 JPanel 上。例如，几个性质相近的组件，有时需要一起显示在屏幕上，有时则必须一起消失，那么，就可以把这几个组件添加到 JPanel 上，利用 JPanel 调用 setVisible 方法一次完成这个工作，而不需要调用每个组件的 setVisible 方法。

JPanel 不能独立存在，必须被添加到其他容器中(如 JFrame)。

JPanel 类常用的构造方法如下。

(1) JPanel()：创建具有双缓冲和流布局的新 JPanel。

(2) JPanel(LayoutManager layout)：创建具有指定布局管理器的新缓冲 JPanel。

另外 JPanel 还能实现画布的功能，可以在 JPanel 上绘制图形。绘图通过 Graphics 类的各种方法来实现，关于 Graphics 类，读者可查阅 Java 帮助文档，获得该类及其方法的详细介绍。

例 8.2 中同时给出了 Color 类、Graphics 类、Font 类典型的使用方式。

【例 8.3】 JPanel 示例。

```java
import javax.swing.*;
import java.awt.Color;
import java.awt.Graphics;
import java.awt.Font;
public class JPanelTest extends JPanel{
    public void paint(Graphics g){
        g.setFont(new Font("楷体",Font.BOLD,30));    //设置字体
        g.drawString("我的自画像",120,50);            //显示字符串
        g.drawLine(10,70,380,70);                    //画线
        g.setColor(new Color(254,248,134));          //设置颜色
        g.fillOval(100,100,200,200);                 //画实心圆形作脸
        g.setColor(new Color(16,54,103));
        g.drawArc(125,160,60,50,160,-140);           //画弧线作左眉毛
        g.drawOval(135,170,40,30);                   //画椭圆作左眼
        g.fillOval(150,180,20,20);                   //画实心圆形作左眼球
        g.drawArc(215,160,60,50,160,-140);           //画弧线作右眉毛
        g.drawOval(225,170,40,30);                   //画椭圆作右眼
        g.fillOval(230,180,20,20);                   //画实心圆形作右眼球
        int []x={205,195,215};
        int []y={220,240,240};
        int num=3;
        g.drawPolygon(x,y,num);                      //绘制三角形作鼻子
        g.setColor(Color.red);
        g.drawArc(160,200,90,70,-150,120);           //画弧线作嘴
        g.drawArc(180,235,50,45,-160,140);
    }
}
class Test{
    static JFrame frame=new JFrame("我的自画像");
    static JPanelTest panel=new JPanelTest();
    public static void main(String [] args){
        frame.getContentPane().add(panel);
        frame.setSize(400,400);
        frame.setDefaultCloseOperation(JFrame.EXIT_ON_CLOSE);
        frame.setLocation(200,200);
        frame.setVisible(true);
    }
}
```

例 8.3 运行结果如图 8.5 所示。

图 8.5 例 8.3 运行结果

在例 8.2 中，在 JPanel 上进行了绘画，并通过 Font、Color 类进行了字体、颜色的设置。设置字体、颜色的这些方法后文会常用到，以后就不再单独介绍了。

8.2.2 按钮和标签

1. JButton(按钮)类

JButton 类用来创建带文本标签的按钮。按钮是图形界面中常见的一个控件，通常用来让用户决定某个动作的进行，例如"确定"或"取消"的动作。

按钮的文本是按钮表面上显示的文字。一个 GUI 可以包含多个按钮，但每个按钮的文本应该是唯一的，多个按钮具有相同的文本是一个逻辑错误，会造成使用上的混乱。

1) 构造方法

(1) JButton()：创建不带有文本或图标的按钮。

(2) JButton(String text)：创建一个带文本的按钮。

2) 常用方法

(1) void setText(String text)：设置按钮的文本。

(2) String getText()：返回按钮的文本。

(3) void setIcon(Icon defaultIcon)：设置按钮的默认图标。

(4) Icon getIcon()：返回默认图标。

(5) boolean isSelected()：返回按钮的状态。

(6) void setSelected(boolean b)：设置按钮的状态。

(7) void setSelectedIcon(Icon selectedIcon)：设置按钮的选择图标。

(8) void setDefaultCapable(boolean defaultCapable)：设置 defaultCapable 属性，决定此按钮是否可以是其根窗体的默认按钮。

2. JLabel(标签)类

JLabel 类是一个用来显示文本的类，常用来作为某种说明或提示。在程序运行时，其文本内容不能被用户修改，但可以由程序控制改变。标签不对输入事件做出响应，因此，它无法获得键盘焦点。

JLabel 对象还可以显示图像或同时显示文本与图像。可以通过设置垂直和水平对齐方式，指定标签显示区中标签内容在何处对齐。在默认情况下，标签在其显示区内垂直居中对齐。

1) 构造方法

(1) JLabel()：创建无图像并且标题为空字符串的标签。

(2) JLabel(Icon image)：创建具有指定图像的标签。

(3) JLabel(Icon image, int horizontalAlignment)：创建具有指定图像和水平对齐方式的标签。

(4) JLabel(String text)：创建具有指定文本的标签。

2) 常用方法

(1) String getText()：返回该标签所显示的文本字符串。

(2) void setText(String text)：设置该标签要显示的单行文本。

(3) Icon getIcon()：返回该标签显示的图形图像(字形、图标)。

(4) void setIcon(Icon icon)：设置该标签要显示的图标。

JLabel 控件除了可以用于在窗体上显示文字之外，还可以用来显示图片。显示图片需要用到 ImageIcon 类创建的对象。

8.2.3 复选框和单选按钮

1. JCheckBox(复选框)类

JCheckBox 类继承自 JToggleButton 类，而 JToggleButton 类用于实现一个反选按键，只有按下和释放两种状态。复选框也有类似的功能，只有选定和未选定两种状态。

1) 构造方法

(1) JCheckBox()：创建一个没有文本、没有图标并且最初未被选定的复选框。

(2) JCheckBox(String text)：创建一个带文本的、最初未被选定的复选框。

(3) JCheckBox(String text, boolean selected)：创建一个带文本的复选框，并指定其最初是否处于选定状态。

2) 常用方法

(1) void setText(String text)：设置复选框的文本。

(2) String getText()：返回复选框的文本。

(3) void setSelected(boolean b)：设置复选框的状态。

(4) boolean isSelected()：返回复选框的状态。

2. JRadioButton(单选按钮)类

单选按钮与复选框在使用方法上基本一致，但单选按钮必须被放在按钮组(ButtonGroup)中，同一组中的单选按钮互斥。

JRadioButton 类的构造方法如下。

(1) JRadioButton()：创建一个初始化为未选择的单选按钮，其文本未设定。

(2) JRadioButton(String text)：创建一个具有指定文本、状态为未选择的单选按钮。

(3) JRadioButton(String text, boolean selected)：创建一个具有指定文本和选择状态的单选按钮。

JRadioButton 类的常用方法与 JCheckBox 类基本上相同。

8.2.4 单行文本框和多行文本框

1. JTextField(单行文本框)类

JTextField 类用来创建允许用户编辑的单行文本组件。用户可以通过这类组件输入和编辑字符串信息。JTextField 与 JLabel 的本质差别是，程序运行时，JTextField 可以获得焦点，而 JLabel 不能。JTextField 可用做程序的输入。

JTextField 的水平对齐方式可以设置为左对齐、前端对齐、居中对齐、右对齐或尾部对齐。右对齐/尾部对齐在所需的字段文本尺寸小于为它分配的尺寸时使用。使用 setHorizontalAlignment 方法和 getHorizontalAlignment 方法可以设置和获取当前的水平对齐方式。在默认情况下为前端对齐。

1) 构造方法

(1) JTextField()：构造一个单行文本框。

(2) JTextField(int columns)：构造一个具有指定列数的单行文本框。

(3) JTextField(String text)：构造一个用指定文本初始化的单行文本框。

(4) JTextField(String text, int columns)：构造一个用指定文本和列初始化的单行文本框。

2) 常用方法

(1) void setText(String t)：设置单行文本框中的文本内容。

(2) void getText(String t)：获取单行文本框中的文本内容。

(3) int getColumns()：返回单行文本框中的列数。

(4) void setColumns()：设置单行文本框中的列数。

(5) void setFont(Font f)：设置当前字体。

(6) void setHorizontalAlignment(int alignment)：设置水平对齐方式。

2. JTextArea(多行文本框)类

多行文本框用来编辑多行文本，进行大量的文字编辑处理。多行文本框可以在内部实现滚动，具有换行功能。

1) 构造方法

(1) JTextArea()：构造一个多行文本框。

(2) JTextArea(int rows, int columns)：构造具有指定行数和列数的多行文本框。

(3) JTextArea(String text)：构造显示指定文本的多行文本框。

(4) JTextArea(String text, int rows, int columns)：构造具有指定文本、行数和列数的多行文本框。

2) 常用方法

(1) void append(String str)：将给定字符串 str 追加到文本的结尾。

(2) void setColumns(int columns)：设置多行文本框中的列数。

(3) int getColumns()：返回多行文本框中的列数。

(4) void setRows(int rows)：设置此多行文本框的行数。

(5) int getRows()：返回多行文本框中的行数。

(6) int getLineCount()：确定文本区中所包含的行数。

(7) void insert(String str, int pos)：将指定字符串 str 插入到文本的指定位置。

(8) void setWrapStyleWord(boolean word)：设置换行方式(如果文本区要换行)。

3. JPasswordField(密码文本框)类

密码文本框是用来输入密码的文本框。密码文本框继承自单行文本框,所以在密码文本框中只能进行单行输入。与单行文本框不同的是,用户在密码文本框中输入的文字不会正常显示出来,而是使用其他替代字符显示。可以通过调用 setEchoChar(char c)来设置显示时的替代字符。密码文本框的作用是防止别人看到用户所输入的文字信息。

1) 构造方法

(1) JPasswordField():构造一个密码文本框,其初始文本为 null 字符串,列宽为 0。

(2) JPasswordField(int columns):构造一个具有指定列数的密码文本框。

2) 常用方法

(1) void setEchoChar(char c):设置密码文本框中回显的字符。

(2) char getEchoChar():返回要用于回显的字符。

(3) boolean echoCharIsSet():如果此密码文本框具有为回显设置的字符,则返回 true。

(4) char[] getPassword():返回此密码文本框中所包含的文本。

【例 8.4】 控件应用示例之一。本例综合应用了以上介绍的内容,注意如何将单选按钮(JRadioButton)置入按钮组(ButtonGroup)中。

```java
import javax.swing.*;
import java.awt.*;
public class GUITest1 extends JFrame{
    JPanel panel=new JPanel();
    JLabel label1=new JLabel("我是一个 JLabel");
    JLabel label2=new JLabel(new ImageIcon("a.jpg"));
    JButton button=new JButton("我是一个 JButton");
    JTextField text1=new JTextField("我是一个 JTextField");
    JTextArea text2=new JTextArea("我是一个 JTextArea",10,20);
    JPasswordField pass=new JPasswordField(10);
    JCheckBox check1=new JCheckBox("第一个 JCheckBox");
    JCheckBox check2=new JCheckBox("第二个 JCheckBox",true);
    JCheckBox check3=new JCheckBox("第三个 JCheckBox");
    JRadioButton male=new JRadioButton("男",true);
    JRadioButton female=new JRadioButton("女");
    ButtonGroup group=new ButtonGroup();
    public GUITest1(){
        pass.setEchoChar('*');
        panel.add(label1);
        panel.add(label2);
        panel.add(text2);
        panel.add(text1);
        panel.add(pass);
        panel.add(check1);
        panel.add(check2);
        panel.add(check3);
        panel.add(male);
        panel.add(female);
        panel.add(button);
        group.add(male);
```

```
        group.add(female);
        getContentPane().add(panel);
        setSize(600,310);      //简写,表明是本窗体 GUITest1 的方法
                               //相当于 GUITest1.setSize(600,310); this.
                                 setSize(600,310);
        setDefaultCloseOperation(JFrame.EXIT_ON_CLOSE);
        setVisible(true);
    }
    public static void main(String [] args){
        new GUITest1();
    }
}
```

例 8.4 运行结果如图 8.6 所示。

图 8.6 例 8.4 运行结果

8.2.5 列表框和下拉列表框

1. JList(列表框)类

该组件允许用户从列表中选择一个或多个项目。JList 的各个项目放在一个列表框中,通过单击选项本身来选定。通过设置,可以对列表中的项目进行多项选择。

JList 不支持自动滚动功能,若要实现该功能,需要将 JList 添加到 JScrollPane 中。

1) 成员常量

(1) static int HORIZONTAL_WRAP:指示"报纸样式"布局,项目按先水平后垂直的方式排列。

(2) static int VERTICAL:指示默认布局,项目垂直排成一列。

(3) static int VERTICAL_WRAP:指示"报纸样式"布局,项目按先垂直后水平的方式排列。

2) 构造方法

(1) JList():构造一个空的列表框。

(2) JList(Object[] listData):构造一个列表框,使其显示指定数组中的元素。

3) 常用方法

(1) void clearSelection():清除选择。调用此方法后,isSelectionEmpty 方法将返回 true。

(2) int getMaxSelectionIndex():返回选择项目的最大索引。如果选择为空,则返回-1。

(3) int getMinSelectionIndex()：返回选择项目的最小索引。如果选择为空，则返回-1。

(4) int getSelectedIndex()：返回所选项目的第一个索引；如果选择为空，则返回-1。

(5) int[] getSelectedIndices()：返回所选项目的全部索引的数组(按升序排列)。

(6) Object getSelectedValue()：返回所选的第一个项目值，如果选择为空，则返回 null。

(7) Object[] getSelectedValues()：返回所选的一组项目值。

(8) int getSelectionMode()：返回允许进行单项选择还是多项选择。

(9) boolean isSelectedIndex(int index)：如果选择了索引为 index 的项目，则返回 true。

(10) void setSelectedIndex(int index)：选择索引为 index 的单个项目。

(11) void setSelectedIndices(int[] indices)：选择一组项目，项目索引由数组 indices 指定。

(12) void setSelectedValue(Object anObject, boolean shouldScroll) 从列表中选择指定的对象 anObject。如果所选对象存在，但列表需要滚动才能显示，则 shouldScroll 为 true；否则为 false。

(13) void setSelectionMode(int selectionMode)：设置允许单项选择还是多项选择。 模式参数的取值有：ListSelectionModel.SINGLE_SELECTION，一次只能选择一个列表索引；ListSelectionModel.SINGLE_INTERVAL_SELECTION，一次只能选择一个连续间隔；ListSelectionModel.MULTIPLE_INTERVAL_SELECTION，默认设置，对选择不限制。

(14) boolean isSelectionEmpty()：如果什么也没有选择，则返回 true；否则返回 false。

2．JCombox(下拉列表框)类

下拉列表框也称为组合框，是将按钮、可编辑字段与下拉列表组合的组件。当单击下拉按钮时，会显示出下拉列表(项目列表)，用户可以从列表中选择项目。如果使组合框处于可编辑状态，则组合框将包括可编辑字段，供用户在其中输入值。

1) 构造方法

(1) JComboBox()：创建具有空对象列表的组合框。

(2) JComboBox(Object[] items)：创建包含指定数组中的元素的组合框。

2) 常用方法

(1) void addItem(Object anObject)：为项目列表添加项目。

(2) void insertItemAt(Object anObject, int index)：在项目列表中的给定索引处插入项目。

(3) void setSelectedIndex(int anIndex)：选择索引 anIndex 处的项目。

(4) Object getItemAt(int index)：返回指定索引处的列表项。

(5) Object getSelectedItem()：返回当前所选的项目。

(6) Object[] getSelectedObjects()：返回包含所选项目的数组。

(7) void removeItem(Object anObject)：从项目列表中删除 anObject 指定的项目。

(8) void removeItemAt(int anIndex)：从项目列表中删除索引 anIndex 指定的项目。

(9) void removeAllItems()：从项目列表中删除所有项目。

(10) int getItemCount()：返回列表中的项目数。

8.2.6 表格与滚动面板

Swing 包中提供的表格组件 JTable 用于将数据按常规二维表格显示、处理。滚动面板组件 JScrollPane 用来管理可选的垂直、水平滚动条，以及可选的行、列标题。JTable 组件自己没有滚动条，若需要使用滚动条，就要使用 JScrollPane 组件。

1. JTable 组件

1) 常用构造方法

(1) JTable()：构造默认的 JTable。

(2) JTable(int numRows, int numColumns)：构造具有空单元格的 JTable，共 numRows 行和 numColumns 列。

(3) JTable(Object[][] rowData, Object[] columnNames)：构造 JTable，用来显示二维数组 rowData 中的值，其列名称由一维数组 columnNames 指定。

(4) JTable(Vector rowData, Vector columnNames)：构造 JTable，用来显示向量 rowData 中的值，其列名称由 columnNames 指定。

2) 常用方法

(1) String getColumnName(int column)：返回出现在视图中 column 列位置处的列名称。

(2) Object getValueAt(int row, int column)：返回 row 行和 column 列位置上的单元格值。

(3) void setValueAt(Object aValue, int row, int column)：设置表格中 row 行和 column 列位置上的单元格值。

(4) int getColumnCount()：返回表格中的列数。

(5) int getRowCount()：返回表格中的行数。

(6) int getEditingColumn()：返回当前正在被编辑的单元格的列号。

(7) int getEditingRow()：返回当前正在被编辑的单元格的行号。

(8) int getSelectedColumnCount()：返回已选定的列数。

(9) int getSelectedRowCount()：返回已选定的行数。

(10) void selectAll()：选择表中的所有行、列和单元格。

(11) void clearSelection()：取消选中所有已选定的行和列。

(12) void setShowGrid(boolean showGrid)：设置是否绘制单元格周围的网格线。

2. JScrollPane 组件

(1) JScrollPane()：创建一个空的 JScrollPane，根据需要自动显示水平和垂直滚动条。

(2) JScrollPane(Component view)：创建一个显示指定组件内容的 JScrollPane，当组件的内容超过视图大小时，就会自动显示水平和垂直滚动条。

(3) JScrollPane(Component view, int vsbPolicy, int hsbPolicy)：创建一个 JScrollPane，它将视图组件 view 显示在一个视口中，vsbPolicy 和 int hsbPolicy 代表滚动条策略，指示滚动条在何时显示。

8.2.7 菜单

通常说的菜单系统是下拉式菜单系统，它是非常重要的 GUI 组件，其界面提供的信息简明清晰，在用户界面中经常使用。Java 的菜单系统由多个类组成，主要有：菜单栏或称菜单条(JMenuBar 类)、菜单(JMenu 类)、菜单项(JMenuBar 类)等。

在窗体中建立一套菜单系统，需要执行的操作大致包括：创建一个 JMenuBar 菜单栏对象；创建多个 JMenu 菜单对象，将它们添加到 JMenuBar 菜单栏对象中；为每个 JMenu 菜单对象添加各自的 JMenuBar 菜单项对象；最后，把 JMenuBar 菜单栏对象放置到 JFrame 窗体上。

另一类菜单是弹出式菜单，由 JPopupMenu 类实现。

1．菜单栏(JMenuBar 类)

JMenuBar 是放置菜单 JMenu 的容器。它是一个位于窗体顶行的水平菜单条，并成为菜单树的根。可以通过窗体 JFrame 类的 setMenuBar()方法把 JMenuBar 对象加入到一个窗体框架中。在一个时刻，一个窗体只可以显示一个菜单栏。

1) 构造方法

JMenuBar()：创建新的菜单栏。

2) 常用方法

(1) JMenu add(JMenu c)：将指定的菜单追加到菜单栏的末尾。

(2) void setSelected(Component sel)：设置当前选择的菜单栏的组件。

(3) int getMenuCount()：返回菜单栏上的菜单数。

(4) boolean isSelected()：如果当前已选择了菜单栏的组件，则返回 true。

(5) JMenu getMenu(int index)：返回菜单栏中指定索引位置的菜单。

例如：

```
JFrame f=new JFrame("菜单示例");      //创建一个窗体 f
JMenuBar JMB=new JMenuBar();          //创建一个菜单栏 JMB
f.setJMenuBar(JMB);                   //设置 JMB 为窗体 f 的菜单栏
```

2．菜单(JMenu 类)

JMenu 是放置到菜单栏上的菜单。每一个菜单由一些菜单项组成。可以通过 JMenuBar 类的 add()方法，把 JMenu 对象放置在 JMenuBar 对象上(即设置菜单栏上的主菜单)。

JMenu 实际上是一个包含 JMenuItem 的弹出窗口，用户选择 JMenuBar 上的项目时会显示该窗口。除 JMenuItem 之外，JMenu 还可以包含 JSeparator(菜单上的分隔线)。

1) 构造方法

(1) JMenu()：构造一个没有文本的菜单。

(2) JMenu(String s)：构造一个菜单，用提供的字符串作为其文本。

2) 常用方法
(1) JMenuItem add(JMenuItem menuItem)：将指定的菜单项追加到此菜单的末尾。
(2) JMenuItem insert(JMenuItem mi, int pos)：在给定位置插入指定的菜单项。
(3) void insert(String s, int pos)：在给定的位置插入一个具有指定文本的新菜单项。
(4) void addSeparator()：将新分隔符追加到菜单的末尾。
(5) void insertSeparator(int index)：在指定的位置插入分隔符。
(6) int getItemCount()：返回菜单中菜单项的项数，包括分隔符。
(7) boolean isSelected()：如果菜单是当前选择的(即突出显示的)菜单，则返回 true。
(8) void remove(Component c)：从菜单中删除组件 c。
(9) void remove(int pos)：从菜单中删除指定索引处的菜单项。
(10) void remove(JMenuItem item)：从此菜单中删除指定的菜单项。
(11) void removeAll()：从此菜单中删除所有菜单项。

例如，对于已有的菜单栏 JMB：

```
JMenu m1=new JMenu("File");        //创建 File 菜单 m1
JMenu m2=new JMenu("Edit");
JMB.add(m1);                        //将 m1 添加到菜单条 JMB 中
JMB.add(m2);
```

3. 菜单项(JMenuItem 类)

所有菜单中的菜单项都是 JMenuItem 类或者其子类的对象。可以通过 JMenu 类的 add()方法，把 JMenuItem 菜单项对象添加到 JMenu 菜单对象上(即菜单栏上某个主菜单的子菜单)。

菜单项本质上是位于列表中的按钮。当用户选择"按钮"时，将执行与菜单项相关联的操作。

1) 构造方法
(1) JMenuItem()：创建不带有文本或图标的菜单项。
(2) JMenuItem(String text)：创建带有指定文本的菜单项。
(3) JMenuItem(String text,Icon icon)：创建带有指定文本和图标的菜单项。

2) 常用方法
void setEnabled(boolean b)：启用或禁用菜单项。

例如，对于已有的菜单 m1：

```
JMenuItem mi1=new JMenuItem("New");    //创建 new 菜单项
JMenuItem mi2=new JMenuItem("Load");
m1.add(mi1);                            //将菜单项 mi1 加入到菜单 m1 中
m1.add(mi2);
```

4. 复选框菜单项(JCheckBoxMenuItem 类)

可以被选定或取消选定的菜单项。如果被选定，菜单项的旁边通常会出现一个复选标记。如果未被选定或被取消选定，菜单项的旁边就没有复选标记。像常规菜单项一样，复选框菜单项可以有与之关联的文本或图标，或者两者兼而有之。

1) 构造方法

(1) JCheckBoxMenuItem()：创建一个没有文本或图标、最初未被选定的复选框菜单项。

(2) JCheckBoxMenuItem(String text)：创建一个带文本的、最初未被选定的复选框菜单项。

(3) JCheckBoxMenuItem(String text, boolean b)：创建具有指定文本和选择状态的复选框菜单项。

(4) JCheckBoxMenuItem(String text, Icon icon, boolean b)：创建具有指定文本、图标和选择状态的复选框菜单项。

2) 常用方法

(1) boolean getState()：返回菜单项的选定状态。

(2) void setState(boolean b)：设置菜单项的选定状态，参数为 true 表示选定。

尽管使用 getState/setState 方法可以确定/指定菜单项的选择状态，但这两种方法仅用于保证 AWT 兼容性。因此，在新代码中首先还是使用 isSelected/setSelected 方法确定/指定菜单项的选择状态，并且，它们还可用于所有菜单和按钮。

例如，对于已有的菜单 m2：

```
JMenuItem mc1=new JMenuItem("Search");//创建 Search 菜单项
JCheckBoxMenuItem mc2=new JCheckBoxMenuItem("symbols");//创建复选框
symbols 菜单项
m2.add(mc1);                     //将菜单项 mc1 加入到菜单 m2 中
m2.add(mc2);                     //将复选框菜单项 mc2 加入到菜单 m2 中
```

5. 弹出菜单(JPopupMenu 类)

JPopupMenu 可实现弹出菜单，弹出菜单是一个可弹出并显示一系列选项的小窗口。JPopupMenu 最常见的一种使用形式是，当用户在指定区域中右击时，在任何其他位置显示菜单（右键菜单）。JPopupMenu 也可用于实现其他形式的弹出菜单，例如，当用户选择一个菜单项并激活它时显示的菜单（右拉式菜单，pull-right）。

1) 构造方法

(1) JPopupMenu()：构造一个不带"调用者"的弹出菜单。

(2) JPopupMenu(String label)：构造一个具有指定标题的弹出菜单。

2) 常用方法

(1) JMenuItem add(JMenuItem menuItem)：将指定菜单项追加到此菜单的末尾。

(2) JMenuItem add(String s)：将指定文本的菜单项追加到此菜单的末尾。

(3) void addSeparator()：将分隔符追加到菜单的末尾。

(4) protected void firePopupMenuCanceled()：通知 PopupMenuListener 此弹出菜单将被取消。

(5) protected void firePopupMenuWillBecomeInvisible()：通知 PopupMenuListener 此弹出菜单将变得不可见。

(6) protected void firePopupMenuWillBecomeVisible()：通知 PopupMenuListener 此弹出菜单将变得可见。

(7) Component getComponent()：返回此弹出菜单的组件。

(8) String getLabel()：返回弹出菜单的标签。

第 8 章 Java 图形用户界面

(9) void setLocation(int x, int y)：使用 X、Y 坐标设置弹出菜单左上角的位置。

(10) void setPopupSize(int width, int height)：将弹出窗口的大小设置为指定的宽度和高度。

(11) void setVisible(boolean b)：设置弹出菜单是否可见。

(12) void setInvoker(Component invoker)：设置此弹出菜单的调用者，即弹出菜单在其中显示的组件。

(13) void show(Component invoker, int x, int y)：在组件调用者的坐标空间中的位置(x,y)处显示弹出菜单。

例如：

```
JPopupMenu mp=new JPopupMenu();          //创建弹出菜单
JMenuItem mi1=new JMenuItem("New");      //创建 new 菜单项
JMenuItem mi2=new JMenuItem("Load");     //创建 Load 菜单项
mp.add(mi1);
mp.addSeparator();
mp.add(mi2);
mp.setLocation(50,100);                  //设置弹出菜单左上角的位置
mp.setVisible(true);                     //设置弹出菜单可见
```

【例 8.5】控件应用示例之二。

```
import javax.swing.*;
import java.awt.*;
import java.util.Vector;
public class GUITest2 extends JFrame{
    Vector colname=new Vector();
    Vector row=new Vector();
    Vector row1=new Vector();
    Vector row2=new Vector();
    Vector row3=new Vector();
    Vector row4=new Vector();
    JPanel panel=new JPanel();
    JList list=new JList(colname);
    JComboBox combo=new JComboBox(colname);
    JTable table;
    JScrollPane pane;
    JMenuBar bar=new JMenuBar();
    JMenu menu1=new JMenu("文件");
    JMenu menu2=new JMenu("编辑");
    JMenu menu3=new JMenu("帮助");
    JMenuItem item1=new JMenuItem("打开");
    JMenuItem item2=new JMenuItem("关闭");
    JMenuItem item3=new JMenuItem("退出");
    JCheckBoxMenuItem item4=new JCheckBoxMenuItem("复选");
    public GUITest2(){
        Object [] r1={"张三","男","20","09 计应 1"};
        Object [] r2={"李四","男","21","09 计应 1"};
        Object [] r3={"李丽","女","20","09 计应 2"};
        Object [] r4={"王五","男","19","09 计应 2"};
```

```
        Object [] col={"姓名","性别","年龄","班级"};
        for(int i=0;i<r1.length;i++){
            row1.addElement(r1[i]);
            row2.addElement(r2[i]);
            row3.addElement(r3[i]);
            row4.addElement(r4[i]);
            colname.addElement(col[i]);
        }
        row.add(row1);
        row.add(row2);
        row.add(row3);
        row.add(row4);
        combo.setSelectedIndex(0);
        table=new JTable(row,colname);
        pane=new JScrollPane(table, JScrollPane.VERTICAL_SCROLLBAR_
        ALWAYS, JScrollPane.HORIZONTAL_SCROLLBAR_ALWAYS);
        pane.setPreferredSize(new Dimension(300,80));
        panel.add(combo);
        panel.add(list);
        panel.add(pane);
        menu1.add(item1);
        menu1.add(item2);
        menu1.addSeparator();
        menu1.add(item3);
        menu2.add(item4);
        bar.add(menu1);
        bar.add(menu2);
        bar.add(menu3);
        setJMenuBar(bar);           //简写,本窗体 GUITest2 的方法
        getContentPane().add(panel);
        setSize(550,150);
        setDefaultCloseOperation(JFrame.EXIT_ON_CLOSE);
        setVisible(true);
    }
    public static void main(String [] args){
        new GUITest2();
    }
}
```

例 8.5 运行结果如图 8.7 所示。

图 8.7 例 8.5 运行结果

8.3 布局管理器

在 Java 中，将组件置于容器上的方式与以前的 GUI 系统有所不同。首先，所有内容都是程序代码，没有所谓的"资源"用来控制组件位置；其次，组件在容器上的位置，并不是绝对定位，而是通过"布局管理器(Layout-Manager)"来安排的。组件的大小、形状、位置在不同的布局管理器中显著不同。

8.3.1 布局管理器概述

在一个容器中可以放置许多不同的组件，这些组件在容器中的摆放方式称为布局。Java 不用坐标进行绝对定位，而是用布局管理器进行相对定位。这种方式的优点是，所显示的界面能够自动适应不同分辨率的屏幕。

布局管理器用于设置组件在容器内的布局方式，比如，依据加入组件的先后顺序决定组件的摆放方式，确定每一个组件的大小。此外，布局管理器会自动适应小程序(Applet)或应用程序(Application)窗口的大小，所以如果某个窗口的大小改变了，那么其上各个组件的大小、形状、位置都相应地发生改变。

Java 提供几种布局管理器：流布局(FlowLayout)、边界布局(BorderLayout)、网格布局(GridLayout)、网格包布局(GridBagLayout)、卡片布局(CardLayout)和空布局（Null）。

每个容器，比如一个 JPanel 或一个 JFrame，都有一个与它相关的默认布局管理器。JPanel、JApplet 的默认布局为流布局，JWindow、JFrame 的默认布局为边界布局。通过调用容器的 setLayout()方法，可以改变默认布局管理器、设置所需要的布局管理器。

8.3.2 流布局

流布局又称为顺序布局。这种布局管理器按照由左至右的顺序，将组件依次水平排列在容器上，排满一行后，会移到下一行继续水平排列。当对由 FlowLayout 管理的区域进行缩放时，布局就会发生变化，如图 8.8 所示。

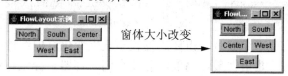

图 8.8 流布局的特点

FlowLayout 不限制它所管理的组件的大小，而是允许它们有自己的最佳大小；默认的组件对齐方式是居中对齐，允许将组件的对齐方式设为左对齐或右对齐；也可以设置组件之间的垂直间距及水平间距。

1) 静态成员变量

(1) static int CENTER：此值指示每一行组件都是居中对齐。

(2) static int LEADING：此值指示每一行组件都与容器方向的开始边对齐，例如，对于从左到右的方向，则与左边对齐。

(3) static int LEFT：此值指示每一行组件都是左对齐。

(4) static int RIGHT：此值指示每一行组件都是右对齐。

(5) static int TRAILING：此值指示每一行组件都与容器方向的结束边对齐，例如，对于从左到右的方向，则与右边对齐。

2) 构造方法

(1) FlowLayout()：构造一个流布局管理器，居中对齐，默认的水平和垂直间距是 5 个单位。

(2) FlowLayout(int align)：构造一个流布局管理器，指定对齐方式，默认的水平和垂直间距是 5 个单位。

(3) FlowLayout(int align, int hgap, int vgap)：创建一个流布局管理器，具有指定的对齐方式以及指定的水平和垂直间距。

3) 常用方法

(1) void setAlignment(int align)：设置布局的对齐方式。

(2) int getAlignment()：获取布局的对齐方式。

(3) void setHgap(int hgap)：设置组件之间以及组件与容器的边之间的水平间距。

(4) int getHgap()：获取布局的水平间距。

(5) void setVgap(int vgap)：设置组件之间以及组件与容器的边之间的垂直间距。

(6) int getVgap()：获取布局的垂直间距。

8.3.3 边界布局

边界布局(BorderLayout)按 5 个区域来安排组件：北区、西区、南区、东区和中区，分别对应于窗口区域的上部、左部、下部、右部和中部。

使用边界布局管理器时，需要指明每个组件的区域位置。BorderLayout 类中的常量 BorderLayout.NORTH、BorderLayout.SOUTH、BorderLayout.WEST、BorderLayout.EAST 及 BorderLayout.CENTER 分别表示上、下、左、右及中间这 5 个位置。例如：

```
JPanel xpanel=new JPanel();
xpanel.setLayout(new BorderLayout());
xpanel.add(new Button("上部"), BorderLayout.NORTH);
xpanel.add(new Button("下部"), BorderLayout.SOUTH);
```

在边界布局中，当窗口缩放时，组件的位置不发生变化，但组件的大小会相应改变。边界布局管理器赋予南、北组件最佳高度，并使它们与容器一样宽；赋予东、西组件最佳宽度，而高度受到限制。如果窗口水平缩放，南、北、中区域会发生变化；如果窗口垂直缩放，东、西、中区域会发生变化，如图 8.9 所示。

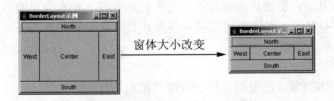

图 8.9　边界布局的特点

边界布局的构造方法与常用方法与流布局类似，这里不再列举。

8.3.4 网格布局

网格布局(GridLayout)用于将容器划分成大小相等的矩形网格，在一个矩形网格中放置一个组件，这样各个组件就可以按行列放置到每个网格中，每个组件的大小相同。

在向 GridLayout 中添加组件时，其放置顺序是从网格的左上角开始，从左向右排列，直到排满一行，再从下一行开始从左向右依次排列。当窗口缩放时，网格内的组件相应地等比例缩放，如图 8.10 所示。

图 8.10　网格布局的特点

8.3.5 空布局

空布局又称为 null 布局，其实就是要求程序员自己定制每个组件的大小与位置，从而实现组件在容器中的定位。setBounds 方法是所有组件都拥有的一个方法，调用组件的该方法，就可以设置组件本身的大小和在容器中的位置。

例如，p 是某个容器，则 p.setLayout(null)把 p 的布局设置成空布局。向空布局的容器 p 中添加一个组件 c 需要两步：首先使用 add(c)方法向容器中添加组件，然后调用组件 c 的 setBounds(int a,int b,int width,int height)方法，设置该组件的位置和组件的大小。如下面的程序段所示：

```
JButton [] button=new JButton[3];
JPanel p=new JPanel();
p.setLayout(null);
for(int i=0;i<3;i++){
   button[i]=new JButton("按钮"+(i+1));
   p.add(button[i]);
   button[i].setBounds(i*100,i*100,80,80);
}
```

组件都是一个矩形结构，setBounds 方法中的参数 a 和 b 是被添加的组件 c 的左上角在容器中的位置坐标，即该组件距容器左边 a 个像素，距容器上方 b 个像素；width 和 height 是组件 c 的宽和高。

一旦将窗体的布局设置为空布局，则控件的大小和位置就固定了，不会再随窗体的改变而改变了。

【例8.6】 null 布局管理器示例。

```java
import java.awt.*;
import javax.swing.*;
public class LayoutTest extends JFrame{
    JPanel panel1=new JPanel(),panel2=new JPanel();
    JPanel panel3=new JPanel(),panel4=new JPanel();
    JLabel label=new JLabel("我的计算器");
    JButton [] button=new JButton[16];
    JTextField text=new JTextField("显示结果");
    JButton ok=new JButton("确定");
    JButton exit=new JButton("退出");
    public LayoutTest(){
        label.setFont(new Font("黑体",Font.PLAIN,30));
        panel1.setLayout(null);
        label.setBounds(10,10,300,30);
        label.setHorizontalAlignment(JLabel.CENTER);
        text.setBounds(10,50,280,30);
        panel1.add(label);
        panel1.add(text);
        panel1.setBounds(0,0,300,100);
        getContentPane().setLayout(null);
        getContentPane().add(panel1);
        panel2.setBounds(0,100,300,150);
        getContentPane().add(panel2);
        panel2.setLayout(new BorderLayout());
        panel2.add(panel3,BorderLayout.CENTER);
        panel3.setLayout(new GridLayout(4,4));
        for(int i=0;i<16;i++){
            button[i]=new JButton(i+"");
            panel3.add(button[i]);
        }
        button[10].setLabel("+");
        button[11].setLabel("-");
        button[12].setLabel("*");
        button[13].setLabel("/");
        button[14].setLabel("=");
        button[15].setLabel("clear");
        panel4.setLayout(new FlowLayout());
        panel4.add(ok);
        panel4.add(exit);
        panel2.add(panel4,BorderLayout.SOUTH);
        setSize(300,300);
        setDefaultCloseOperation(JFrame.EXIT_ON_CLOSE);
        setResizable(false);
        setVisible(true);
    }
    public static void main(String [] args){
        new LayoutTest();
    }
}
```

例 8.6 运行结果如图 8.11 所示。

图 8.11 例 8.6 运行结果

8.4 Java 事件处理机制

8.4.1 Java 事件处理概述

如果用户在 GUI 层执行了一个动作，比如，单击了鼠标、输入了一个字符、选择了列表框中的一项等，将解发一个事件的发生。Java(JDK 1.1 之后)的事件处理采用的是事件源——事件监听器模型的委托事件处理机制。

1. 事件、事件源、事件监听器

在 Java 中，引发事件的对象(组件)称为事件源。当事件源的状态以某种方式改变时，就会引发事件。事件是描述事件源"发生了什么"的对象。例如，在 JButton 组件上单击鼠标，会产生以这个 JButton 为事件源的一个 ActionEvent 事件，这个 ActionEvent 事件是一个对象，它包含了关于刚才所发生的"单击鼠标"事件的信息。

不同的事件源会产生不同类型的事件，某些事件源也可能产生不止一种事件。为了能够描述各种类型的事件，Java 提供了各种相应的事件类。

事件监听器也称为事件监听者，是当一个事件发生时被通知的对象，它负责接收事件并进行处理。

对于事件源，要求它必须注册事件监听器，以便监听器可以接收关于某个特定事件的通知。事件源发出的事件通知只被传送给那些注册接收它们的监听器。事件源的每一种事件都有它自己的注册方法，注册事件监听器的通用语法形式如下：

```
public void addTypeListener(TypeListener el);
```

其中，符号 Type 代表事件的名称，el 是一个事件监听器的引用。例如，注册一个键盘事件监听器的方法为 addKeyListener()，注册一个鼠标活动监听器的方法为 addMouseMotionListener()。

对于事件监听器，首先，要求它必须在事件源中已经被注册，当一个事件发生时，所有被事件源注册的监听器会被通知并收到一个事件对象的副本；其次，要求它必须实现接收和处理通知的方法。

用于接收和处理事件的方法在 java.awt.event 中被定义为一系列的接口。例如，MouseMotionListener 接口定义了两个在鼠标被拖动时接收通知的方法，如果实现这个接口，那么，实现这个接口的任何类都可以接收并处理"鼠标被拖动"事件。

Java 的委托事件处理机制正是基于以上几个概念的。一个事件源(source)产生一个事件(event)并将它传送给一个或多个监听器(listeners)；监听器简单地等待，直到它收到一个事件；一旦事件被接收，监听器将处理这些事件，然后返回。这种设计的优点是，可以明确地将处理事件的应用程序与产生事件的用户接口程序分开，同时，因为事件监听器必须被注册后才能接收事件通知，所以，事件通知只被发送给那些希望接收它们的监听器。

例如，对于按钮组件和选项组件，用户单击鼠标、按键盘上的键等都将引发一个事件，Java 为此提供的事件类有 ActionEvent、ItemEvent、KeyEvent、MouseEvent、TextEvent、WindowEvent 等，分别描述用户的操作类型；每个事件都有相应的"事件监听者"，它们是与事件相对应的若干接口，有 ActionListener、ItemListener、KeyListener、MouseListener、TextListener、WindowListener 等，通过实现接口中的方法来完成对事件的处理。Listener 是一个很形象的术语，它"监听"键盘和鼠标的"声音"，如果它"监听"到出了什么"事"(事件)，就做出响应，即处理事件。

2. 事件处理的基本编程方法

委托事件处理机制的基本编程方法如下。

(1) 对 java.awt 中的组件进行事件处理必须使用 java.awt.event 包，所以，在程序开始应加入语句"import java.awt.event.*;"。

(2) 为事件源设置事件监听器，语句的形式如下，其中的 XXListener 代表某种事件监听器：

```
事件源.addXXListener(XXListener L);
```

(3) 与事件监听器所对应的类实现所对应的接口 XXListener，并重写接口中的全部方法，对事件进行处理。

Java 将所有组件可能发生的事件进行了分类，具有共同特征的事件被抽象为一个事件类 AWTEvent，其中包括 ActionEvent 类(动作事件)、MouseEvent 类(鼠标事件)、KeyEvent 类(键盘事件)等。每个事件类都提供下面常用的方法。

(1) public int getID()：返回事件的类型。

(2) public Object getSource()：返回事件源的引用。

当多个事件源触发的事件由一个共同的监听器处理时，可以通过 getSource()方法判断当前的事件源是哪一个组件。

表 8-1 中列出了常用的 Java 事件类、处理该事件的接口及接口中的方法，并简要说明了何时会调用这些方法。

表 8-1 常用的 Java 事件类、处理该事件的接口及接口中的方法

事件类/接口名称	接口方法及说明
ActionEvent 动作事件类 ActionListener 接口	actionPerformed(ActionEvent e) 单击按钮、选择菜单项或在文本框中按回车键时
AdjustmentEvent 调整事件类 AdjustmentListener 接口	adjustmentValueChanged(AdjustmentEvent e) 当改变滚动条滑块位置时
ComponentEvent 组件事件类 ComponentListener 接口	componentMoved(ComponentEvent e)　　移动组件时 componentHidden(ComponentEvent e)　　隐藏组件时 componentResized(ComponentEvent e)　　缩放组件时 componentShown(ComponentEvent e)　　显示组件时
ContainerEvent 容器事件类 ContainerListener 接口	componentAdded(ContainerEvent e)　　添加组件时 componentRemoved(ContainerEvent e)　　删除组件时
FocusEvent 焦点事件类 FocusListener 接口	focusGained(FocusEvent e)　　组件获得焦点时 focusLost(FocusEvent e)　　组件失去焦点时
ItemEvent 选择事件类 ItemListener 接口	itemStateChanged(ItemEvent e) 选中复选框，单选按钮单击列表框，选中带复选框的菜单项时
KeyEvent 键盘事件类 KeyListener 接口	keyPressed(KeyEvent e)　　键被按下时 keyReleased(KeyEvent e)　　键被释放时 keyTyped(KeyEvent e)　　击键时
MouseEvent 鼠标事件类 MouseListener 接口	mouseClicked(MouseEvent e)　　单击鼠标时 mouseEntered(MouseEvent e)　　鼠标进入时 mouseExited(MouseEvent e)　　鼠标离开时 mousePressed(MouseEvent e)　　鼠标键被按下时 mouseReleased(MouseEvent e)　　鼠标键被释放时
MouseEvent 鼠标事件类(鼠标移动) MouseMotionListener 接口	mouseDragged(MouseEvent e)　　鼠标被拖放时 mouseMoved(MouseEvent e)　　鼠标被移动时
TextEvent 文本事件类 TextListener 接口	textValueChanged(TextEvent e) 文本框、多行文本框中的内容被修改时
WindowEvent 窗口事件类 WindowListener 接口	windowOpened(WindowEvent e)　　窗口打开后 windowClosed(WindowEvent e)　　窗口关闭后 windowClosing(WindowEvent e)　　窗口关闭时 windowActivated(WindowEvent e)　　窗口激活时 windowDeactivated(WindowEvent e)　　窗口失去焦点时 windowIconified(WindowEvent e)　　窗口最小化时 windowDeiconified(WindowEvent e)　　最小化窗口还原时

8.4.2 Java 常用事件

1. ActionEvent 和 ActionListener

(1) ActionEvent：动作事件，能够触发这个事件的动作包括单击按钮、选择菜单项、选择一个列表中的选项、在文本框中按回车键。

(2) ActionListener：动作事件 ActionEvent 的监听接口(监听器)。若一个类要处理动作事件 ActionEvent，那么这个类就要实现 ActionListener 接口，并重写接口中的 actionPerformed()方法，实现事件处理(该接口中只有这一个方法)，而实现了此接口的类就可以作为动作事件 ActionEvent 的监听器。

组件的注册方式是，调用组件的 addActionListener()方法。

以 JButton 组件为例，对于 ActionEvent 事件处理的一般步骤如下。

(1) 注册，设定对象的监听器：button.addActionListener(new MyActionListener ());

其中，"button"是 JButton 组件的对象，"addActionListener"是为事件源 button 添加监听器所使用的方法，MyActionListener 是用户指定的监听器类。

(2) 声明 MyActionListener 类，实现 ActionListener 接口。

(3) 实现 ActionListener 接口中的 actionPerformed(ActionEvent e)方法，完成事件处理代码。

【例 8.7】 Action 事件示例。

```java
import java.awt.event.*;
import javax.swing.*;
import java.awt.*;
public class ActionTest1 extends JFrame implements ActionListener{//实现接口
    JLabel label=new JLabel("原来的文字!");
    JButton button=new JButton("单击");
    public ActionTest1(){
        getContentPane().setLayout(new FlowLayout());
        getContentPane().add(label);
        getContentPane().add(button);
        button.addActionListener(this);         //添加监听器，即 ActionTest1
        setSize(300,100);
        setDefaultCloseOperation(JFrame.EXIT_ON_CLOSE);
        setVisible(true);
    }
    public void actionPerformed(ActionEvent e){//覆盖方法
            label.setText("更改后的文字……");
    }
    public static void main(String [] args){
        new ActionTest1();
    }
}
```

例 8.7 运行结果如图 8.12 所示。

图 8.12 例 8.7 运行结果

在这个程序中，ActionTest1 实现了监听接口并覆盖了事件处理方法，因此可以作为事件处理类，即 ActionTest1 既是窗体(继承自 JFrame)，又是 ActionEvent 事件的监听器(实现了 ActionListener 接口)。而更简单的做法则是使用匿名类来作为事件处理者。

【例 8.8】 使用匿名类完成 Action 事件示例。

```
import java.awt.event.*;
import javax.swing.*;
import java.awt.*;
public class ActionTest extends JFrame{
    JLabel label=new JLabel("原来的文字!");
    JButton button=new JButton("单击");
    public ActionTest(){
        getContentPane().setLayout(new FlowLayout());
        getContentPane().add(label);
        getContentPane().add(button);
        button.addActionListener(new ActionListener(){//添加监听器、实现接口
        (匿名类)
            public void actionPerformed(ActionEvent e){//覆盖方法
                label.setText("更改后的文字……");
            }
        });
        setSize(300,100);
        setDefaultCloseOperation(JFrame.EXIT_ON_CLOSE);
        setVisible(true);
    }
    public static void main(String [] args){
        new ActionTest();
    }
}
```

对于一个监听接口而言，任何实现了这个监听接口的类，就可以作为该监听接口对应的动作事件的监听器。下面的程序就是将事件监听器作为单独类来实现的。

```
import java.awt.*;                        //把事件监听器作为单独类来实现
import javax.swing.*;
import java.awt.event.*;
public class xEventExam extends JFrame {
    JPanel p=new JPanel();
    static JTextArea summary=new JTextArea("请在此输入个人简介!",4,20);
    //为了在类 MyActionListener 中可以操作此多行文本框,将其定义为 static 类型
    JButton ok=new JButton("确定");
    JButton cancel=new JButton("取消");
    public xEventExam(){
```

```
            super("ActionEvent 事件演示示例");
            ok.addActionListener(new MyActionListener ());
            //为按钮 ok 添加了监听器,注册的监听器是 MyActionListener 类
            cancel.addActionListener(new MyActionListener ());
            //为按钮 cancel 添加了监听器,注册的监听器也是 MyActionListener 类
            this.getContentPane().add(p);
            p.add(ok);
            p.add(cancel);
            this.add(p,BorderLayout.NORTH);
            this.add(summary);
            this.setSize(400,300);
            this.setVisible(true);
      }
      public static void main(String [] args){
            new xEventExam();
      }
}
// 定义类 MyActionListener 为监听器,实现 ActionListener 接口,重写接口中的方法
class MyActionListener implements ActionListener {
      public void actionPerformed(ActionEvent e){
            //当多个事件源触发的事件由一个共同的监听器处理时
            //可以通过 getSource()方法判断当前的事件源是哪一个组件
            //此处,通过按钮的标签文本判断是否为 ok 按钮
            if (((JButton)e.getSource()).getText()=="确定") {
                  xEventExam.summary.setText("信息已确认");
            }else {
                  System.out.println("信息被取消");
                  System.exit(0);
            }
      }
}
```

2. 选择事件处理

(1) ItemEvent：选择事件，是用户在"选择组件"中选择了某项时发生的事件。"选择组件"主要包括复选框(如 JCheckBox 类)、单选按钮(如 JRadioButton 类)、列表框(如 JList 类)、下拉列表框(如 JCombox 类)，当对它们执行选择操作，使其选项的选择状态发生改变时，就会引发 ItemEvent 事件。

(2) ItemListener：选择事件 ItemEvent 的监听接口。实现了此接口的类，就可以作为选择事件 ItemEvent 的监听器。在该接口中只定义了 itemStateChanged()一个方法，当一个项目的状态发生变化时，它将被调用。方法的原型是：

void itemStateChanged(ItemEvent ie);

以 JComboBox 组件为例，对于 ItemEvent 事件处理的一般步骤如下。

(1) 注册，设定对象的监听器：combo.addItemListener(new MyItemListener());

其中，"combo"是 JComboBox 组件的对象，"addItemListener"是事件源 combo 所用的注册监听器方法，MyItemListener ()是指定的监听器类。

(2) 声明 MyItemListener 类，实现 ItemListener 接口。

(3) 实现 ItemListener 接口中的 itemStateChanged(ItemEvent e)方法，完成事件处理代码。

【例 8.9】 Item 事件示例。

```java
import java.awt.event.*;
import javax.swing.*;
import java.awt.*;
public class ItemTest extends JFrame{
    JLabel label=new JLabel("原来的文字!");
    JComboBox combo=new JComboBox();
    public ItemTest(){
        for(int i=0;i<5;i++){
            combo.addItem("第"+i+"个选项");
        }
        getContentPane().setLayout(new FlowLayout());
        getContentPane().add(combo);
        getContentPane().add(label);
        combo.addItemListener(new ItemListener(){
            public void itemStateChanged(ItemEvent e){
                label.setText(e.getItem().toString()+"被选中");
            }
        });
        setSize(300,100);
        setDefaultCloseOperation(JFrame.EXIT_ON_CLOSE);
        setVisible(true);
    }
    public static void main(String [] args){
        new ItemTest();
    }
}
```

例 8.9 运行结果如图 8.13 所示。

图 8.13　例 8.9 运行结果

3. 按键事件处理

(1) KeyEvent：按键事件，当按下、释放按键或输入某个字符时，组件对象(如文本框)将生成此按键事件(键盘事件)。按键事件主要定义了 3 个动作：按下按键(keyPressed)、松开按键(keyReleased)、输入字符(keyTyped)，即按下并松开按键的整个事件过程。

KeyEvent 事件类的主要方法有以下几个。

① char getKeyChar()：对于输入字符(keyTyped)事件，用来返回所输入的一个字符。例如，输入"a"，返回值为"a"；输入 shift + "a"，返回值为"A"。

② int getKeyCode()：对于按下(keyPressed)、松开(keyReleased)事件，用来返回被按键的键码。例如，按下"a"键，返回值为 65。

(2) KeyListener：按键事件 KeyEvent 的监听接口。KeyListener 接口中定义了以下 3 个方法。
① void keyTyped(KeyEvent e)：输入某个字符时调用此方法。
② void keyPressed(KeyEvent e)：按下某个键时调用此方法。
③ void keyReleased(KeyEvent e)：释放某个键时调用此方法。

实现了 KeyListener 接口的类，通过组件的 addKeyListener 方法将其注册，就可以作为按键事件 KeyEvent 的监听器。需要注意的是，用做监听器的这个类必须实现接口中的上述 3 个方法，如例 8.10 所示。

【例 8.10】 Key 事件示例。

```java
import java.awt.event.*;
import javax.swing.*;
import java.awt.*;
public class KeyTest extends JFrame{
    JTextArea text=new JTextArea(30,40);
    public KeyTest(){
        getContentPane().add(text);
        text.addKeyListener(new KeyListener(){
            public void keyTyped(KeyEvent e){
                text.append(e.getKeyChar()+"被按下\n");
            }
            public void keyPressed(KeyEvent e){
                text.append(e.getKeyCode()+"被按下\n");
            }
            public void keyReleased(KeyEvent e){
                //text.append(e.getKeyCode()+"被按下\n");
            }
        });
        setSize(300,300);
        setDefaultCloseOperation(JFrame.EXIT_ON_CLOSE);
        setVisible(true);
    }
    public static void main(String [] args){
        new KeyTest();
    }
}
```

例 8.10 运行结果如图 8.14 所示。

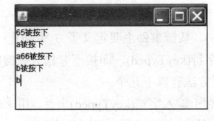

图 8.14 例 8.10 运行结果

4. Mouse 事件处理

(1) MouseEvent：鼠标事件，用于表示用户对鼠标的操作。鼠标操作的类型共有 7 种，在 MouseEvent 事件类中定义了如下所示的整型常量来表示它们：

MOUSE_CLICKED	用户单击鼠标
MOUSE_DRAGGED	用户拖动鼠标
MOUSE_ENTERED	鼠标进入一个组件内
MOUSE_EXITED	鼠标离开一个组件
MOUSE_MOVED	鼠标移动
MOUSE_PRESSED	鼠标被按下
MOUSE_RELEASED	鼠标被释放

在 MouseEvent 事件类中有以下 4 个最常用的方法。
① int getX()：返回事件发生时鼠标所在坐标点的 X 坐标。
② int getY()：返回事件发生时鼠标所在坐标点的 Y 坐标。
③ int getClickCount()：返回事件发生时，鼠标的单击次数。
④ int getButton()：返回事件发生时，哪个鼠标按键更改了状态。

(2) MouseListener：鼠标事件 MouseEvent 的监听接口，用于处理组件上的鼠标按下、释放、单击、进入和离开事件。

(3) MouseMotionListener：鼠标事件 MouseEvent 的另一个监听接口，用于处理组件上的鼠标移动和拖动事件。

在 MouseListener 接口中定义了 5 个方法：当鼠标在同一点被按下并释放(单击)时，mouseClicked()方法将被调用；当鼠标进入一个组件时，mouseEntered()方法将被调用；当鼠标离开组件时，mouseExited()方法将被调用；当鼠标被按下和释放时，相应的 mousePressed()方法和 mouseReleased()方法将被调用。

在 MouseMotionListener 接口中定义了两个方法：当鼠标被拖动时，mouseDragged()方法将被连续调用；当鼠标被移动时，mouseMoved()方法被连续调用。

可以根据鼠标的不同操作设置不同的监听器处理鼠标事件。要实现 MouseListener 接口的监听器，需要实现接口中的 5 个方法，并通过组件的 addMouseListener 方法注册；要实现 MouseMotionListener 接口的监听器，需要实现接口中的两个方法，并通过组件的 addMouseMotionListener 方法注册。

【例 8.11】 Mouse 事件示例。

```
import java.awt.event.*;
import javax.swing.*;
import java.awt.*;
public class MouseTest extends JFrame{
    JTextArea text=new JTextArea(30,40);
    public MouseTest(){
        getContentPane().add(text);
        //注册并设置 MouseListener 监听器
        text.addMouseListener(new MouseListener(){
            public void mouseClicked(MouseEvent e) {
```

```java
                text.append(getString(e)+"单击!\n");
            }
            public void mouseEntered(MouseEvent e) {
                text.append(getString(e)+"进入!\n");
            }
            public void mouseExited(MouseEvent e) {
                text.append(getString(e)+"退出!\n");
            }
            public void mousePressed(MouseEvent e) {
                text.append(getString(e)+"按下!\n");
            }
            public void mouseReleased(MouseEvent e) {
                text.append(getString(e)+"释放!\n");
            }
        });
        //注册并设置MouseMotionListener监听器
        text.addMouseMotionListener(new MouseMotionListener(){
            public void mouseDragged(MouseEvent e) {
                text.append(getString(e)+"拖动!\n");
            }
            public void mouseMoved(MouseEvent e) {
                text.append(getString(e)+"移动!\n");
            }
        });
        setSize(600,600);
        setDefaultCloseOperation(JFrame.EXIT_ON_CLOSE);
        setVisible(true);
    }
    public String getString(MouseEvent e){
        int x=e.getX();
        int y=e.getY();
        int button=e.getButton();
        String s="鼠标";
        if (button==MouseEvent.BUTTON1){
            s+="左键";
        }
        if (button==MouseEvent.BUTTON1){
            s+="右键";
        }
        s+="在位置("+x+","+y+")处";
        return s;
    }
    public static void main(String [] args){
        new MouseTest();
    }
}
```

例8.11 运行结果如图8.15所示。

图 8.15 例 8.11 运行结果

如果不需要处理鼠标的拖动、移动操作，则不需要实现 MouseMotionListener 接口。读者可以将"注册并设置 MouseMotionListener 监听器"的一段代码去掉，运行并查看结果。

8.4.3 事件适配器

为了进行事件处理，需要创建实现 Listener 接口的类，而按 Java 的规定，在实现接口的类中，必须同时实现该接口中所定义的全部方法。在具体程序设计过程中，有可能只用到接口中的一个或几个方法，但也必须重写接口中的全部方法。

为了方便用户，Java 为那些声明了多个方法的 Listener 接口提供了一个对应的适配器(Adapter)类，在该类中实现了对应接口的所有方法，只是方法体为空。

由于适配器类实现了相对应接口中的所有方法，所以，当创建能够进行事件处理的类时，可以不实现接口，而是继承某个相应的适配器类，并且仅重写所关心的事件处理方法，对适配器的同名方法进行覆盖即可。

以处理 KeyEvent 键盘事件类的 KeyListener 接口为例。接口中定义了 3 个事件处理方法 keyPressed、keyReleased、keyTyped，要实现 KeyListener 接口的监听器类，必须实现接口中的上述 3 个方法，即便使用的仅仅是 keyTyped 方法，也需要以"空方法体"的方式实现 keyPressed、keyReleased 方法。而 KeyAdapter 类能够实现 KeyListener 接口，即实现所有这 3 个方法。这样，继承自 KeyAdapter 类的子类就是监听器类。当仅仅需要使用 keyTyped 方法时，就在子类中重写 keyTyped 方法，使之覆盖 KeyAdapter 类中空的 keyTyped 方法，而不必关心另外的两个方法。

使用适配器可以简化程序的设计，但需要注意的是，一定要确保所覆盖的方法书写正确。

表 8-2 中列出了接口及对应的适配器类。适配器类的命名规则，是把接口名称中的 Listener 用 Adapter 代替。因为接口 ActionListener、AdjustmentListener、ItemListener、TextListener 均只有一个方法，不需要为它们定义适配器。

表 8-2 接口及对应适配器类

接口名称	适配器名称
ComponentListener	ComponentAdapter
ContainerListener	ContainerAdapter
FocusListener	FocusAdapter
KeyListener	KeyAdapter
MouseListener	MouseAdapter
MouseMotionListener	MouseMotionAdapter
WindowListener	WindowAdapter

【例 8.12】使用事件适配器重写例 8.10。

```java
import java.awt.event.*;
import javax.swing.*;
import java.awt.*;
public class KeyAdapterTest extends JFrame{
    JTextArea text=new JTextArea(30,40);
    public KeyAdapterTest(){
        getContentPane().add(text);
        text.addKeyListener(new KeyAdapter(){
            public void keyTyped(KeyEvent e){
                text.append(e.getKeyChar()+"被按下\n");
            }
        });
        setSize(300,300);
        setDefaultCloseOperation(JFrame.EXIT_ON_CLOSE);
        setVisible(true);
    }
    public static void main(String [] args){
        new KeyAdapterTest();
    }
}
```

本程序中使用适配器代替了接口的实现。从中可以看到，只需要覆盖所用到的 keyTyped()方法就可以了，不用覆盖另外两个方法，从而简化了程序。

小　结

　　Java 通过 AWT 包和 swing 包实现图形用户界面。Swing 建立在 AWT 基础之上。
　　Java 常用组件有很多，都是 JComponent 类的子类，如 JLabel(标签)类、JButton(按钮)类、JTextField(单行文本框)类、JTextArea(多行文本框)类、JCheckbox(复选框)类、JList(列表框)类、JCombobox(下拉列表框)类等。
　　布局管理器(Layout) 决定了组件在容器内的排列方式。常用的布局管理器类有 FlowLayout 类、BorderLayout 类和 GridLayout 类。FlowLayout 布局管理器按照从左到右、从上到下的顺序依次排列组件，BorderLayout 布局管理器按照北、西、南、东、中 5 个区域放置组件，GridLayout 布局管理器以矩形网格形式布置组件。
　　Java 的事件处理采用的是"事件源—事件监听器"模型的委托事件处理机制。事件由事件源产生，要处理事件必须事先在事件源上注册相应的事件监听器。一旦事件发生，事件源将通知被注册的事件监听器，委托事件监听器处理该事件。一个事件监听器是一个实现了某种 Listener 接口的类的对象。每个事件都有相应的 Listener 接口，在实现 Listener 接口的类中定义了处理事件的各个方法。
　　Java 将所有组件可能发生的事件进行了分类，其中包括 ActionEvent 类(动作事件)、MouseEvent 类(鼠标事件)、KeyEvent 类(键盘事件)等。对于事件源上发生的每个 XXEvent 事件，委托事件处理机制的基本编程方法如下。
　　(1) 程序使用语句 "import java.awt.event.*;" 引入实现事件处理的 java.awt.event 包。
　　(2) 为事件源注册所需要的事件监听器：
　　事件源.addXXListener(XXListener L);
　　(3) 编写事件监听器类 XXListener，实现所对应的接口 XXListener，对事件进行处理。
　　当多个事件源触发的事件由一个共同的监听器处理时，通过 getSource()方法判断当前的事件源是哪一个组件。
　　事件适配器是实现了相应事件接口中所有方法的类，只是这些方法的方法体为空。进行事件处理的类只需继承某个相应的适配器类，并且仅覆盖所关心的事件处理方法即可。

习　题

1. 填空题
(1) 当移动鼠标时，将产生一个_____事件。
(2) 用户不能修改其文本内容的组件称为_____。
(3) _____用于安排容器上的 GUI 组件。
(4) GUI 是_____的缩写。
(5) 当释放鼠标按键时，将产生_____事件。
(6) _____类用于创建一组单选按钮。

2. 判断题

(1) 在每个程序中只能使用一种布局管理器。　　　　　　　　　　　　（　）

(2) 使用 BorderLayout 布局管理器时，可以按任何顺序将 GUI 组件添加到面板上。

　　　　　　　　　　　　　　　　　　　　　　　　　　　　　　　（　）

(3) 列表框对象总包含滚动条。　　　　　　　　　　　　　　　　　　（　）

(4) 标签是一个容器。　　　　　　　　　　　　　　　　　　　　　　（　）

(5) 在使用 BorderLayout 时，最多只能包含 5 个组件。　　　　　　　　（　）

(6) 面板默认的布局管理器是 BorderLayout。　　　　　　　　　　　　（　）

3. 创建 GUI，要求输入几门课程的分数，单击"计算"按钮时，计算课程的总分、平均分并显示输出。

4. 编写一个将华氏温度转换为摄氏温度的程序。要求从键盘输入华氏温度，然后使用标签显示转换后的摄氏温度。温度转换公式：摄氏温度=5/9×(华氏温度−32)。

5. 编程实现一个画图程序，用户通过下拉列表框选择"线"、"矩形"、"圆"、"椭圆"等选项，即可在窗体中绘制相应的图形。

6. 试述 AWT 的事件处理机制。

7. 什么是 Swing？它与 AWT 有什么区别？

第 9 章　JDBC 技术

教学目标：通过本章学习，掌握 JDBC 的基本概念，理解数据库连接方式，掌握 JDBC 操作数据库的基本方法。

教学要求：

知识要点	能力要求	关联知识
关系型数据库	(1) 了解关系型数据库的基本原理 (2) 掌握常用 SQL 语句的写法	关系、记录、字段、SQL 语句
JDBC 基础	(1) 了解常用 JDBC 的驱动形式 (2) 了解不同 JDBC 驱动使用的场合	JDBC-ODBC 桥、本地 JDBC、中间件 JDBC、纯 JDBC
数据库查询	(1) 掌握数据库的连接方法 (2) 掌握查询数据库的方法	DriverManager、Connection、Statement、ResultSet
数据库操作	(1) 掌握数据库添加、删除、修改的方法 (2) 能够熟练运用 JDBC 技术完成数据库设计	相关的 SQL 语句

重点难点：
- JDBC 的驱动形式
- Connection 类的使用
- 使用 JDBC 技术查询数据库的方法
- 使用 JDBC 技术修改数据库的方法

9.1　JDBC 技术简介

9.1.1　关系型数据库基础知识

1. 关系型数据库

数据库是存储在计算机存储设备上的、结构化的相关数据集合，用户描述数据本身以及数据之间的相互联系。关系型数据库模型使用二维表结构来表示数据以及数据之间的联系。在关系模型中，操作的对象和结果都是二维表，这种二维表就是关系。二维表由行和列组成，表与表之间的联系通过数据之间的公共属性实现。关系型数据库包含一个或多个数据表文件，每个数据表由若干条记录组成，每条记录由若干个字段组成，每个字段有自己的属性。

关系模型具有如下特点。

(1) 概念单一。在关系模型中，数据的逻辑结构就是一张二维表，二维表描述了数据与数据之间的关系。

(2) 关系规范化。关系规范化是指在关系模型中，每一个关系模式都必须满足一定的规范化条件。在规范化条件中,最基本的一条是每一个分量是一个不可再分的数据项,即不允许表中还有表。

(3) 数据操作简单。在关系模型中,用户对数据的检索就是从原来的表中得到一张新表,从用户的角度看,原始数据和结果数据都是同一种数据结构的二维表。关系模型的概念简单、清晰易懂,并且具有严格的数学基础,简化了数据库的建立和编程工作。

2. 结构化查询语言

结构化查询语言(SQL)是访问数据库的标准语言。使用 SQL 语言,可以完成复杂的数据库操作,而不用考虑物理数据库的底层操作细节,同时,SQL 语言也是一个非常优化的语言,它用专门的数据库技术和数学算法来提高对数据库访问的速度,因此,使用 SQL 语言比自己编写过程来访问数据库要快得多。

目前,流行的数据库管理系统都支持并使用美国国家标准局制定的标准 SQL 语言(ANSI SQL)。ANSI SQL 语言按语句的基本功能可分为两个部分:数据定义语言(DDL)和数据库操纵语言(DML)。

SQL 语言提供 INSERT 语句用于向表中添加记录。其语法如下:

INSERT INTO 表名字(字段 1,字段 2,…) VALUES(数据 1,数据 2,…)

若在添加记录时,对记录的所有字段都依次赋值,则可省略表名后的字段名,其语法则变为:

INSERT INTO 表名字 VALUES(数据 1,数据 2,…)

删除记录使用 DELETE 语句,其语法如下:

DELETE FROM 表名 WHERE 条件

修改记录使用 UPDATE 语句,其语法如下:

UPDATE 表名称 SET 字段 1=数据 1,字段 2=数据 2,… WHERE 条件

数据库的查询使用 SELECT 语句,这是 SQL 语言中最重要也是最常用的一条语句,它从数据库中筛选出某些特定记录形成一个记录集合,然后配合其他方法来处理这些数据。

SELECT 查询语句的语法形式如下:

SELECT 字段 1,字段 2,字段 3,…

FORM 子句

[WHERE 子句]

[GROUP BY 子句]

[ORDER BY 子句]

在 SELECT 关键字之后指定字段名称作为查询对象,若查询多个字段,则各字段间用逗号隔开,形成字段列表;若查询整个数据表的所有字段,则可以使用通配符"*"取代字段名称。WHERE 子句用于指定查询条件,查询条件是值为 True 或 False 的任何逻辑运算,表示将所有符合条件的记录查询出来。GROUP BY 子句用于将记录进行分类统计。ORDER BY 子句用于对查询结果进行排序,递增排列使用 ASC,递减排列使用 DESC。

例如,设有数据表 student,包括 3 个字段:num(学号,10 个宽度),name(姓名,10 个宽度),age(年龄,整型),则几种典型的 SQL 语句如下:

添加一条记录:INSERT INTO student VALUES ('1060200601','李明', 21)

修改一条记录:UPDATE student SET age=22 WHERE name='李刚'

删除一条记录：DELETE　FROM　student WHERE 姓名='李刚'
查询所有的学号和姓名：SELECT　num, name　FORM　student
查询所有信息：SELECT　*　FROM　student
查询所有年龄大于 20 的信息：SELECT　*　FROM　student WHERE age>20
查询所有信息并按年龄分组：SELECT　*　FROM　student　GROUP BY　age
查询所有信息并按年龄排序：SELECT　*　FROM　student　ORDER BY age DESC

9.1.2　JDBC 驱动程序

JDBC(Java Data Base Connectivity，Java 数据库连接)是一种用于执行 SQL 语句的 Java API。它由一组用 Java 语言编写的类和接口组成，使编程人员能够用纯 Java API 来编写数据库应用程序。

有了 JDBC，向各种关系数据库发送 SQL 语句就是一件很容易的事。换言之，有了 JDBC API，就不必为访问 Sybase 数据库专门编写一个程序，为访问 Oracle 数据库又专门编写一个程序，为访问 Informix 数据库又编写另一个程序，只需用 JDBC API 写一个程序就可向相应的数据库发送 SQL 语句。而且，将 Java 和 JDBC 结合起来编写的数据库应用程序可在任何平台上运行。

目前 JDBC 驱动程序可分为以下 4 种类型。

(1) JDBC-ODBC 桥。JDBC-ODBC 桥驱动程序将 JDBC 调用转换为 ODBC 调用，利用 ODBC 驱动程序提供 JDBC 访问。注意，必须将 ODBC 二进制代码(在许多情况下还包括数据库客户机代码)加载到使用该驱动程序的每台客户机上。图 9.1 显示了 JDBC-ODBC 桥驱动程序的基本运作方式。

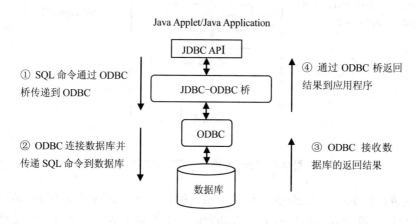

图 9.1　JDBC-ODBC 桥运作方式

(2) 本地 API。它也是桥接器驱动程序之一，通过 JDBC 本地 API 桥接器的转换，把客户机 API 上的 JDBC 调用转换为 Oracle、Sybase、Informix、DB2 或其他 DBMS 的调用，进而访问数据库。像桥驱动程序一样，这种类型的驱动程序要求将某些二进制代码加载到每台客户机上。图 9.2 显示了本地 API 驱动程序的基本运作方式。

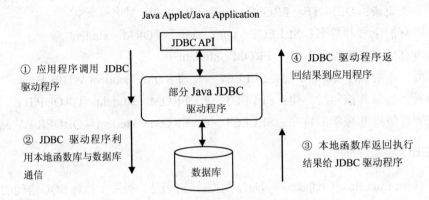

图 9.2　本地 API 驱动程序运作方式

(3) JDBC 网络纯 Java 驱动程序。这种驱动程序将 JDBC 转换为与 DBMS 无关的网络协议，之后，这种协议又被某个服务器转换为一种 DBMS 协议。这种网络服务器中间件(middleware)能够将它的纯 Java 客户机连接到多种不同的数据库上，所用的具体协议取决于提供者。通常，这是最为灵活的 JDBC 驱动程序。这种类型的驱动程序最大的好处就是省去了在用户计算机上安装任何驱动程序的麻烦，只需在服务器端安装好中间件，而中间件会负责所有访问数据库的必要转换。图 9.3 显示了 JDBC 网络驱动程序的基本运作方式。

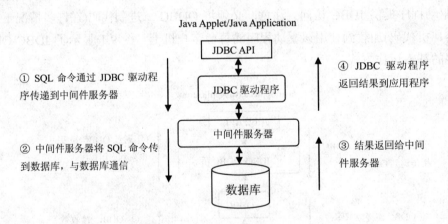

图 9.3　Java 网络驱动程序运作方式

(4) 本地协议纯 Java 驱动程序。这种类型的驱动程序是最成熟的 JDBC 驱动程序，不但无须在用户计算机上安装任何额外的驱动程序，而且也不需要在服务器端安装任何中间件程序，所有访问数据库的操作都直接由驱动程序来完成。它会将 JDBC 调用直接转换为具体数据库服务器可以接受的网络协议，允许从客户机上直接调用 DBMS 服务器，是 Intranet 访问的一个很实用的解决方法。图 9.4 显示了纯本地 Java 驱动程序的基本运作方式。

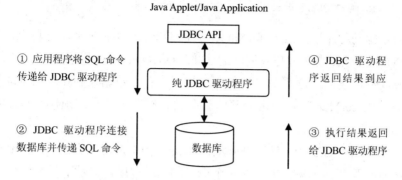

图 9.4 纯本地 Java 驱动程序运作方式

表 9-1 显示了这 4 种类型的驱动程序的比较。

表 9-1 JDBC 4 种类型驱动程序的比较

驱动程序种类	纯 Java	网络协议	客户端设置	服务器端设置	效能
1—JDBC-ODBC 桥	非	直接	ODBC	无	较差
2—本地 API	非	直接	设置数据库连接函数库	无	优
3—JDBC 网络纯 Java 驱动程序	是	连接器	无	中间件服务器	较差
4—本地协议纯 Java 驱动程序	是	直接	无	无	优

由于 JDBC-OCBC 桥的执行效率不高,所以它更适合作为开发应用程序时的一种过渡方案,而且对于初学者了解 JDBC 编程也较适用。对于那些需要进行大数据量操作的应用程序,则应该考虑 2、3、4 型驱动。对于 Intranet 方面的应用可以考虑 2 型驱动,对于 Internet 方面的应用考虑 3、4 型驱动。3 型驱动可以把多种数据库驱动都配置在中间层服务器上,所以最适合需要同时连接多个不同种类的数据库,并且对并发连接要求较高的应用。4 型驱动则适合那些连接单一数据库的工作组应用。

由于本书主要介绍 JDBC 编程的基本思路和方法,因此使用第一种驱动:JDBC-ODBC 桥接的形式。目前的 JDBC API 包含两个部分,在编写数据库应用程序时,首先要把相关的 API 包引入到程序中。

(1) 有关客户端连接数据库及访问数据库的功能,在包 java.sql 中。
(2) 有关服务器端增加的服务器功能,在包 javax.sql 中。

9.2 连接数据库

9.2.1 连接数据库过程

1. 数据库连接

要想连接数据库,必须首先加载对应数据库的驱动程序 Driver。在程序中使用 Class 类的 forName()方法完成。要加载 JDBC-ODBC 桥驱动程序,使用以下语句:

```
Class.forName("sun.jdbc.odbc.JdbcOdbcDriver ");
```

成功加载了驱动程序后，Class.forName()会向 DriverManager 类注册自己。接下来的工作是使用 DriverManager 类建立与数据库的连接。DriverManager 类是 JDBC 的管理层，作用于用户和驱动程序之间。它跟踪可用的驱动程序，并在数据库和相应的驱动程序之间建立连接。另外，DriverManager 类也处理诸如驱动程序登录的时间限制、登录和跟踪消息的显示等事务。

建立到给定数据库的连接，使用 DriverManager 类中的静态方法 getConnection()，该方法将从已注册的驱动程序集合中选择一个适当的驱动程序，并返回一个 Connection 对象。该方法的原型是：

public static Connection getConnection(String url,String user,String password) throws SQLException

其中，url 为 jdbc:subprotocol:subname 形式的数据源路径名，user 是与数据源对应的数据库的用户名，password 是用户的密码。例如，下面的语句就建立了与 ODBC 数据源 students 所对应的数据库的连接：

```
Connection stucon=DriverManager.getConnection("jdbc:odbc:students","","");
```

如果连接成功，使用 Connection 对象 stucon 就可以对数据库执行 SQL 语句并返回结果。

需要注意的是，对数据库的操作都可能抛出 SQLException 异常，在程序中需要捕获并处理该异常。

简单地说，在 Java 中与数据库建立连接包括下面的流程。

(1) 使用 Class 类中的 forName()方法加载要使用的 Driver。

(2) 加载成功后，通过 DriverManager 类的 getConnection()方法与数据库建立连接。

(3) 通过 getConnection()方法会返回的 Connection 对象操作数据库。

2. 与数据库连接有关的类和接口的其他几个常用方法

1) Driver 接口的常用方法

(1) boolean acceptsURL(String url)：检索驱动程序是否认为它可以打开到给定 URL 的连接。

(2) Connection connect(String url, Properties info)：创建一个到给定 URL 的数据库连接。

(3) int getMajorVersion()：获得驱动程序的主版本号。

(4) int getMinorVersion()：获得驱动程序的次版本号。

(5) DriverPropertyInfo[] getPropertyInfo(String url, Properties info)：获得驱动程序的属性信息。

(6) boolean jdbcCompliant()：报告驱动程序是否是一个真正的 JDBC Compliant[TM] 驱动程序。

2) DriverManager 类的常用方法

(1) static Connection getConnection(String url)：建立到给定数据库 URL 的连接。此方法是一个重载方法。

(2) static void setLoginTimeout(int seconds)：设置驱动程序试图连接到某一数据库时将等待的最长时间，以 S 为单位。

3) Connection 接口的常用方法

(1) void close()：立即释放此 Connection 对象的数据库和 JDBC 资源，而不是等待它们被自动释放。

(2) Statement createStatement()：创建一个 Statement 对象来将 SQL 语句发送到数据库。

(3) tatement createStatement(int resultSetType, int resultSetConcurrency)：创建一个 Statement 对象，该对象将生成具有给定类型和并发性的 ResultSet 对象。

(4) boolean isClosed()：检索 Connection 对象是否已经被关闭。

(5) boolean isReadOnly()：检索 Connection 对象是否处于只读模式。

(6) PreparedStatement prepareStatement(String sql)：创建一个 PreparedStatement 对象来将参数化的 SQL 语句发送到数据库。

在 Connection 接口的方法中，createStatement()方法、close()方法将在下一步操作数据库时经常使用。

9.2.2 配置 JDBC-ODBC 数据源

为了直观理解，下面通过一个具体例子介绍使用 JDBC-ODBC 技术进行数据库连接的完整过程。

(1) 建立数据库。建立一个 Access 数据库 stu.mdb，在其中建立表 student，其内各字段的名字和类型如表 9-2。后面的所有例子都建立在此数据库的基础之上。

表 9-2 student 表的结构

字段名	字段类型	说明
num	文本	学号
name	文本	姓名
age	数字	年龄
sex	是/否	性别
grade	文本	年级

(2) 建立 ODBC 数据源。打开【控制面板窗口】，(如果控制面板使用分类视图，则单击【性能与维护】图标后)依次选择【管理工具】|【数据源(ODBC)】图标，打开 ODBC 数据源管理器，如图 9.5 所示。

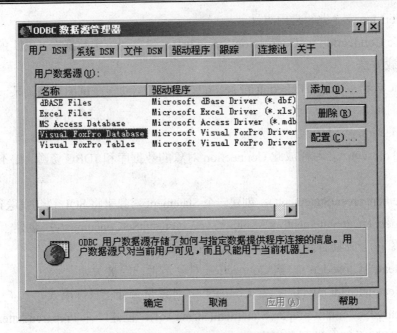

图 9.5 ODBC 数据源管理器

(3) 在 ODBC 数据源管理器中，单击【添加】按钮，以便创建一个新的数据源，如图 9.6 所示。

图 9.6 创建新数据源

(4) 因为要连接是 Access 数据库，所以选择"Microsoft Access Driver(*.mdb)"选项，单击【完成】按钮后，打开如图 9.7 所示的对话框。

(5) 在【数据源名】文本框中输入数据源的名称，此处输入的数据源名为 students。然后单击【选择】按钮打开。如图 9.8 所示的对话框。

(6) 找到 stu 数据库所在的位置，如图 9.9 所示，并单击【确定】按钮。

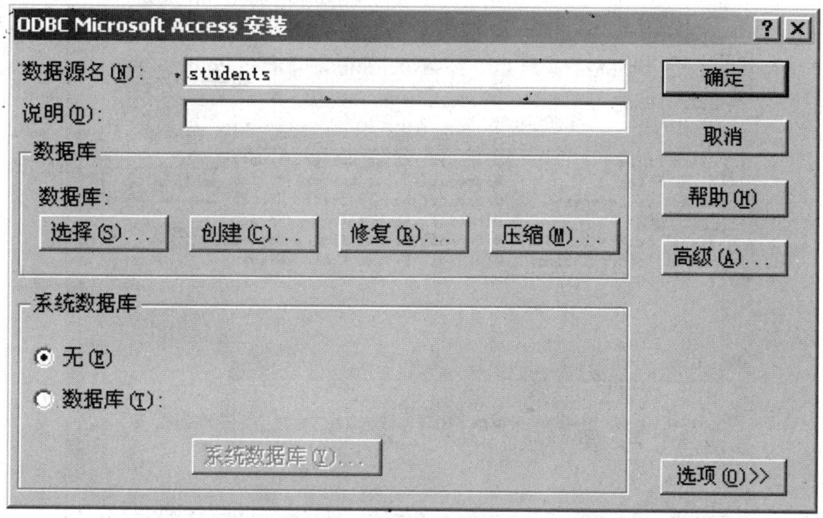

图 9.7 ODBC Microsoft Access 安装对话框

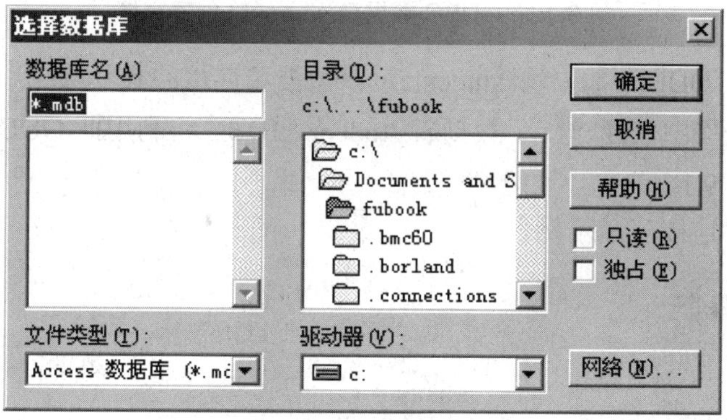

图 9.8 选择数据库对话框

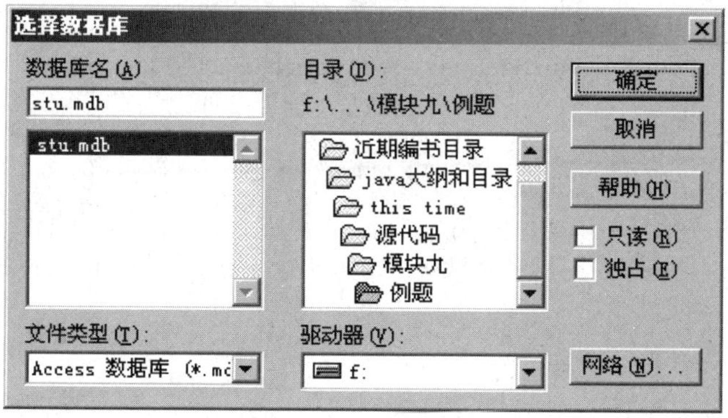

图 9.9 选择 stu 数据库

(7) 在【选择数据库】对话框中单击【确定】按钮,并在【ODBC Microsoft Access 安装】对话框中单击【确定】按钮,即完成了 ODBC 数据源的设置,如图 9.10 所示。

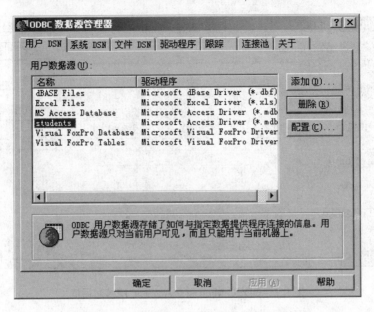

图 9.10 ODBC 数据源 students 创建完毕

至此就创建了 ODBC 数据源 students，该数据源连接的具体数据库是 Access 数据库 stu.mdb，在该数据库中已经建立了数据表 student。JDBC 将利用此 ODBC 数据源完成对数据库的访问，如例 9.1 所示。

【例 9.1】 数据库连接演示示例。

```java
import java.sql.*;
public class ConnectionExample{
    Connection stucon;
    ConnectionExample() {
        try {
            Class.forName("sun.jdbc.odbc.JdbcOdbcDriver");
            System.out.println ("数据库驱动程序加载成功……");
            stucon=DriverManager.getConnection("jdbc:odbc:students","","");
            System.out.println ("数据库连接成功……");
            stucon.close();
        }
        catch (SQLException e) {
        System.out.println ("数据库连接失败……");
        }
        catch(Exception e){}
    }
    public static void main(String [] args){
        new ConnectionExample();
    }
}
```

程序运行结果如图 9.11 所示。

图 9.11 数据库连接演示示例

在程序中，首先通过 Class.forName()加载驱动程序"sun.jdbc.odbc.JdbcOdbcDriver"，然后使用 DriverManager.getConnection()方法获取数据库的连接对象 stucon，并对抛出的异常进行简单的处理。当不再需要使用 Connection 对象时，调用 close()方法关闭连接，释放所占用的系统资源。

9.3 查询数据库

9.3.1 查询数据库过程

成功建立了与数据库的连接后，就可以查询数据库中数据表的信息了。在 Java 中，获取数据表中的信息需要使用两个特定的对象：Statement 对象和 ResultSet 对象。

1. Statement 对象

Statement 对象由 Connection 对象的方法 createStatement()创建，用于执行静态 SQL 语句并返回结果集。

如果使用 DriverManager.getConnection()方法连接数据库后，返回的 Connection 对象为 con，则可以使用下列语句返回 Statement 对象：

Statement stustatement = con.createStatement();

调用 Statement 对象提供的方法，可以执行 SQL 语句。Statement 对象的常用方法有以下几个。

(1) boolean execute(String sql)：执行给定的 SQL 语句，该语句可能返回多个结果集，或多个更新结果。

(2) ResultSet executeQuery(String sql)：执行给定的 SQL 查询语句(SELECT 语句)，返回单个结果集 ResultSet 对象。

(3) int executeUpdate(String sql)：执行给定的 SQL 语句，包括 INSERT、UPDATE、DELETE 语句，或者其他不返回任何结果集的 SQL 语句(如 SQL DDL 语句)。

(4) Connection getConnection()：检索生成 Statement 对象的 Connection 对象。

(5) int getMaxRows()：检索由 Statement 对象生成的 ResultSet 对象包含的最大行数。

(6) ResultSet getResultSet()：以 ResultSet 对象的形式检索当前结果。

(7) void close()：立即释放 Statement 对象的数据库和 JDBC 资源。

2. ResultSet 对象

ResultSet 对象是由 Statement 对象的 executeQuery()方法产生的结果集，其方法原型定义如下：

```
ResultSet executeQuery(String sql) throws SQLException
```

其中的参数 sql 表示要发送给数据库的 SQL 语句，通常为静态 SQL SELECT 语句。该方法执行给定的 SQL 查询语句后，返回的 ResultSet 对象是包含查询结果的数据表，并具有指向当前数据行的数据指针。

在默认情况下，同一时间每个 Statement 对象只能打开一个 ResultSet 对象。因此，如果读取的一个 ResultSet 对象与读取的另一个 ResultSet 对象交叉，则这两个对象必须是由不同的 Statement 对象生成的。

ResultSet 对象的数据指针的初始值被置于第一条记录之前，使用 next()方法可以将指针移动到下一条记录上。当 ResultSet 对象中没有下一条记录时，next()方法返回 false，因此，可以在循环中使用 next()方法，依次访问数据表中的全部记录。

ResultSet 对象用于从当前行获取列值的方法形如 getXXX()，例如 getBoolean()、getLong()、getString()等，可以使用列的索引编号或列的名称获取列值。例如，如果 ResultSet 对象 rs 的第二列名为"title"，并且其存储的值为字符串，则下列代码都可以获取当前记录存储在该列中的值：

```
String s = rs.getString("title");
String s = rs.getString(2);
```

在一般情况下，获取列值时使用列的索引编号较为高效。列号从 1 开始编号，为了具有最大的可移植性，应该按从左到右的顺序读取每行中的列值，而且每列只能读取一次。

getXXX()形式的方法在获取指定的列值时，JDBC 驱动程序尝试将基础数据转换为在获取方法中指定的 Java 类型数据，并返回适当的 Java 数据值。例如，如果方法为 getString()，而数据库中的数据类型为 VARCHAR，则 JDBC 驱动程序将把 VARCHAR 转换成 Java 的 String，getString()方法的返回值将为 Java 的 String 对象。JDBC 规范规定了这种数据转换的映射关系，读者可参照 JDK 帮助文档或其他资料。

除了移动数据指针的 next()方法、获取列值的形如 getXXX()的方法外，ResultSet 对象的其他常用方法如下。

(1) int getRow()：返回当前行的编号。

(2) boolean first()：将指针移动到此 ResultSet 对象的第一行。

(3) boolean last()：将指针移动到此 ResultSet 对象的最后一行。

(4) void beforeFirst()：将指针移动到此 ResultSet 对象的开头，位于第一行之前。

(5) void afterLast()：将指针移动到此 ResultSet 对象的末尾，位于最后一行之后。

(6) void moveToInsertRow()：将指针移动到插入行。

(7) boolean next()：将指针从当前位置下移一行。

(8) boolean previous()：将指针移动到此 ResultSet 对象的上一行。

(9) void insertRow()：将插入行的内容插入到此 ResultSet 对象和数据库中。
(10) void deleteRow()：在此 ResultSet 对象和底层数据库中删除当前行。
(11) void updateString(int columnIndex, String x)：用 String 值更新指定列。
(12) void updateString(String columnName, String x)：用 String 值更新指定列。
(13) void close()：立即释放 ResultSet 对象的数据库和 JDBC 资源。

另外，使用 Connection 的 prepareStatement(String sql)方法可以创建一个 PreparedStatement 对象来将参数化的 SQL 语句发送到数据库进行预编译并存储，参数化的 SQL 语句使用占位符 "？" 来表示 SQL 命令中的可变部分，当需要执行时，再设置占位符的内容。这种预编译并存储的方式，省去了过滤 SQL 关键字的大量繁琐工作，之后可以使用此对象多次高效地执行该语句。例如：

```
String   str="update stu set name=? where id=?";//含有占位符的SQL 语句字符串
PerparedStatement  ps=conn.prepareStatement(str);  //预编译并存储 SQL 语句
Ps.setString(1, "李美丽");                          //设置第 1 个占位符的内容
Ps.setString(2, "20050703013");                    //设置第 2 个占位符的内容
使用 PreparedStatement 对象操作数据库的方法与使用 Statement 对象基本相同。
```

9.3.2 查询数据库数据

对于数据查询操作，可以按照下面的流程进行。
(1) 使用 Connection 对象的 createStatement()方法创建一个 Statement 对象。
(2) 使用 Statement 对象的 executeQuery()方法执行 SQL 查询语句，返回的结果是一个 ResultSet 对象。
(3) 利用 ResultSet 对象的 next()方法移动数据指针，并判断是否有记录存在。
(4) 如果 next()方法返回 true，则可以用 getXXX()方法获取记录中的信息。如果 next()方法返回 false，则 ResultSet 对象中已经没有任何记录。
(5) 可以使用循环语句依次取得所有记录中的数据。

【例 9.2】 数据查询演示示例。

```
import java.sql.*;
import javax.swing.*;
import java.awt.event.*;
import java.util.*;
public class QueryExample{
  Connection stucon;
  Statement stusmt;
  ResultSet sturst;
  boolean connectDataBase(String dataSourceName,String userName,String password){
      boolean connstate=false;
      try {
          Class.forName("sun.jdbc.odbc.JdbcOdbcDriver");
          System.out.println ("数据库驱动程序加载成功.....");
          stucon=DriverManager.getConnection("jdbc:odbc:" +
          dataSourceName ,userName,password);
```

```java
                connstate=true;
                System.out.println ("数据库连接成功......");
            }
            catch (SQLException e) {
            System.out.println ("数据库连接失败......");
            }
            catch(Exception e){}
            return connstate;
        }
        boolean queryDataTable(String SQLString){
            boolean querystate=false;
            try {
                stusmt=stucon.createStatement();
                sturst=stusmt.executeQuery(SQLString);
                querystate=true;
                System.out.println ("数据查询成功......");
            }
            catch (Exception ex) {
                System.out.println ("数据查询失败......");
            }
            return querystate;
        }
        String getRecord(){
            String studentString="";
            try{
                String num=sturst.getString("num");
                String name=sturst.getString("name");
                String age=Integer.toString(sturst.getInt("age"));
                String sex="男";
                if(sturst.getBoolean("sex")==false){
                    sex="女";
                }
                String  grade=sturst.getString(5);
                studentString=num +"   "+ name +"   " + age + "   " +
sex + "   " + grade + "   ";
            }
            catch(Exception e){}
            return studentString;
        }
}
////////////////////////////////////////////////////////////
class StuFrame extends WindowAdapter{
    JFrame f;
    JList list;
    JScrollPane pane;
    Vector v;
    StuFrame(){
        f=new JFrame("显示学生信息");
        v=new Vector();
        try {
            QueryExample qe=new QueryExample();
```

```
            if (qe.connectDataBase("students","","")==true){
                if(qe.queryDataTable("SELECT * FROM student")==true){
                    while(qe.sturst.next()){
                        v.addElement(qe.getRecord());
                    }
                }
            }
            if(!v.isEmpty()){
                list=new JList(v);
                pane=new JScrollPane(list);
            }
        }
        catch (Exception ex) {}
        f.getContentPane().add(pane);
        f.addWindowListener(this);
        f.setSize(300,200);
        f.setVisible(true);
    }
    public void windowClosing(WindowEvent e){
        System.exit(0);
    }
    public static void main(String [] args){
        new StuFrame();
    }
}
```

程序运行结果如图 9.12 所示。

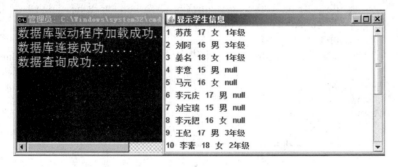

图 9.12　数据查询演示示例程序运行结果

程序中有两个类：QueryExample 类用于数据库的连接和数据表的查询；StuFrame 类用于创建图形界面的窗体，以便显示查询结果。

在 QueryExample 类中创建了 connectDataBase()方法用于连接数据库，并用返回的 boolean 值确定连接是否成功；创建了 queryDataTable()方法用于数据的查询，并将查询结果存放在 ResultSet 对象 sturst 中；最后通过 getRecord()方法查询一条记录的内容，并以字符串的形式返回。由于数据库操作都有可能抛出异常，因此需要对上面的 3 个方法进行异常处理。

StuFrame 类使用了图形界面，在其构造方法中，使用 while 循环迭代整个 ResultSet 对象 sturst，以便将所有学生的信息读出，添加到向量 v 中，通过 List 组件显示出来。

9.4 操作数据库

知道了如何连接数据库并显示数据库中的数据后，还要掌握如何对数据库中的数据进行处理，包括添加、删除、修改数据等操作。

在 Java 中，使用 Statement 对象的方法 executeUpdate()完成数据库的数据处理操作。executeUpdate()方法用于执行 INSERT、UPDATE 和 DELETE 语句，方法的返回值是一个整数，指示受影响的行数(即更新的行数)。也可用于执行 CREATE TABLE 和 DROP TABLE 等 SQL DDL(数据定义语言)语句，因为它们不操作行，executeUpdate()的返回值总为零。

【例9.3】 数据操作演示示例。

```java
import java.sql.*;
import javax.swing.*;
import java.awt.event.*;
import java.awt.BorderLayout;
public class ExecuteExample{
    Connection stucon;
    Statement stusmt;
    boolean connectDataBase(String dataSourceName,String userName,String
    password){
        boolean connstate=false;
        try {
            Class.forName("sun.jdbc.odbc.JdbcOdbcDriver");
            System.out.println ("数据库驱动程序加载成功……");
            stucon=DriverManager.getConnection("jdbc:odbc:" +
                dataSourceName ,userName,password);
            connstate=true;
            System.out.println ("数据库连接成功……");
        }
        catch (SQLException e) {  }
        catch(Exception e){  }
        return connstate;
    }
    void executeDataTable(String SQLString){
        try {
            stusmt=stucon.createStatement();
            stusmt.executeUpdate(SQLString);
            System.out.println ("数据库操作成功……");
        }
        catch (Exception ex) {  }
        finally{
            try{
                stusmt.close();
                stucon.close();
            }catch(Exception e){}
        }
    }
}
/////////////////////////////////////////////////////
class Student{
```

```java
    String num;
    String name;
    int age;
    boolean sex;
    String grade;
}
////////////////////////////////////////////////////////////
class StuFrameExample extends JFrame implements ActionListener{
    JPanel p;
    JPanel p1;
    JPanel p2;
    JTextField number;
    JTextField name;
    JComboBox age;
    JRadioButton male;
    JRadioButton female;
    ButtonGroup sex;
    JList grade;
    JButton insertButton;
    JButton deleteButton;
    JButton updateButton;
    JLabel message;
    public StuFrameExample(){
        super("数据操作演示示例");
        p=new JPanel();
        p1=new JPanel();
        p2=new JPanel();
        number=new JTextField (5);
        name=new JTextField (18);
        age=new JComboBox();
        for (int i=15;i<=30;i++){
            age.addItem(Integer.toString(i));
        }
        insertButton=new JButton("添加");
        deleteButton=new JButton("删除");
        updateButton=new JButton("修改");
        insertButton.addActionListener(this);
        deleteButton.addActionListener(this);
        updateButton.addActionListener(this);
        p.add(new JLabel("学号:"));
        p.add(number);
        p.add(new JLabel("姓名:"));
        p.add(name);
        p.add(new JLabel("年龄:"));
        p.add(age);
        p1.add(insertButton);
        p1.add(deleteButton);
        p1.add(updateButton);
        p2.add(new JLabel("性别: "));
        sex=new ButtonGroup();
        male=new JRadioButton("男",true);
        female=new JRadioButton("女",false);
        sex.add(male);
        sex.add(female);
        p2.add(male);
```

```java
            p2.add(female);

        String [] s=new String [3];
        for (int i=0;i<3;i++){
            s[i]=(i+1)+"年级";
        }
        grade=new JList(s);
        grade.setSelectionMode(ListSelectionModel.SINGLE_SELECTION );
        p2.add(new JLabel("年级: "));
        p2.add(grade);
        message=new JLabel("");
        p2.add(message);
        this.getContentPane().add(p,BorderLayout.NORTH);
        this.getContentPane().add(p2,BorderLayout.CENTER);
        this.getContentPane().add(p1,BorderLayout.SOUTH);
        this.setDefaultCloseOperation(JFrame.EXIT_ON_CLOSE);
        this.setSize(450,200);
        this.setVisible(true);
    }
    Student getInput(){
        Student s=new Student();
        if (number.getText().equals("")){
            return null;
        }else{
            s.num=number.getText();
        }
        if (name.getText().equals("")){
            s.name="";
        }else{
            s.name=name.getText();
        }
        s.age=Integer.parseInt(age.getSelectedItem().toString());
        if(male.isSelected()){
            s.sex=true;
        }
        if(female.isSelected()){
            s.sex=false;
        }
        if(grade.getSelectedValue() ==null){
            s.grade="";
        }else{
            s.grade=grade.getSelectedValue().toString();
        }
        return s;
    }
    public void actionPerformed(ActionEvent e){
        Student s=getInput();
        if(s!=null){
            String SQLString="";
            if (e.getSource()==insertButton){
                SQLString="INSERT INTO student VALUES('"+ s.num + "','" +s.name
                + "'," +s.age+ "," + s.sex + ",'" +s.grade+"')";
            }
            if (e.getSource()==deleteButton){
                SQLString="DELETE FROM student WHERE num='"+ s.num + "'";
```

```
            if (e.getSource()==updateButton){
            SQLString="UPDATE student SET name='" +s.name+"',age="+s.age
            +",sex= " +s.sex+",grade='"+s.grade +"' WHERE num='"+ s.num+ "'";
            }
            try {
                ExecuteExample ee=new ExecuteExample();
                if (ee.connectDataBase("students","","")==true){
                    ee.executeDataTable(SQLString);
                }
            }
            catch (Exception ex) { }
        }
    }
    public static void main(String [] args){
        new StuFrameExample();
    }
}
```

程序运行结果如图 9.13 所示。

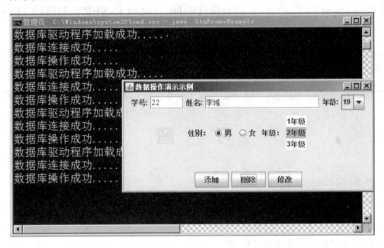

图 9.13　数据操作演示示例程序运行结果

例 9.3 的程序中创建了 3 个类：ExecuteExample 类用于执行数据库的操作；Student 类用做数据的持久对象，可以简单理解为保存数据的对象，以方便程序的编写；StuFrameExample 类用于提供用户图形界面。

在 ExecuteExample 类中创建了 executeDataTable()方法，用于执行 SQL 命令，操作数据库。在 Student 类中定义了用于存储信息的几个属性。StuFrameExample 类提供了 getInput()方法，将用户在界面上输入的信息存入 Student 类的对象中。在覆盖的 actionPerformed()方法中，根据单击的按钮的不同，组织了相应的添加、删除、修改语句，并调用了 ExecuteExample 类中的 executeDataTable()方法，以完成对数据库的操作。

本章介绍了 Java 数据库程序的基本编程思路，并逐步完成了一个简单的数据库程序实例。结合实例，读者可掌握 JDBC 的基本编程技术。

小　结

> JDBC 是一种用于执行 SQL 语句的 Java API，用于创建关系数据库应用程序。JDBC 提供了 4 种类型的驱动程序，分别适用于不同的场合，JDBC-ODBC 桥接形式是较简单的一种数据库驱动程序。
>
> JDBC 程序的一般编写步骤归纳起来如下。
>
> (1) 使用 Class 类中的 forName()方法，加载要使用的 Driver。
>
> (2) 成功加载 Driver 后，Class.forName()会向 DriverManager 注册自己，通过 getConnection()方法与数据库连接，并返回 Connection 对象。
>
> (3) 通过 Connection 对象的 createStatement()方法创建一个 Statement 对象。
>
> (4) 使用 Statement 的 executeQuery()方法执行 SQL 查询语句，并返回一个 ResultSet 对象。对于返回的 ResultSet 对象，使用 next()方法移动数据指针，并循环遍历所有记录。对于每条记录，使用 getXXX()方法获取其中的信息。
>
> (5) 使用 Statement 对象的方法 executeUpdate()执行 INSERT、UPDATE 和 DELETE 等 SQL 语句，操作数据库。
>
> (6) 使用 close()方法释放 ResultSet 对象、Statement 对象和 Connection 对象所占用的资源。

习　题

1. 关系型数据库的优点有哪些？
2. 创建一个 Access 数据库，并配置该数据库的数据源。
3. 简述 JDBC 技术的 4 种类型。
4. 简述 JDBC 程序的一般编写步骤。
5. 编写一个查询程序，可以查询数据库中的信息。
6. 编写一个录入程序，可以将用户输入的数据添加到数据库中。

第 10 章 实 训

教学目标：通过本章实训，熟练掌握 Java 语言的语法，理解面向对象的编程思路，能够熟练运用 Java 语言编程解决实际问题。

教学要求：

知识要点	能力要求	关联知识
Java 语言基本语法	(1) 掌握 Java 基本语法 (2) 理解程序的流程控制	变量、常量、流程控制
面向对象编程思路	(1) 理解面向对象编程思路 (2) 掌握面向对象编程方法	封装、继承、多态、抽象
异常处理	掌握 Java 异常处理方法	Exception、try{}catch{}finally{}
文件操作	(1) 理解 Java 流的概念 (2) 掌握文件操作的方法	Stream、Reader、Writer、File
图形界面	(1) 理解 Java GUI 设计思路 (2) 掌握 Java GUI 设计方法 (3) 理解布局管理器的作用 (4) 掌握 Java 事件处理方法	Swing、AWT、组件、容器、Layout、Event、Listener
数据库编程	(1) 理解关系型数据库的基本理论 (2) 掌握 JDBC 数据库编程方法	关系、SQL、JDBC

重点难点：

➢ 面向对象编程思路
➢ Java 语言的语法
➢ 综合运用 Java 语言编程解决实际问题的能力

实训 1 开发工具和运行环境

实训目的

(1) 设置环境变量。
(2) 掌握编写、编译、运行 Java 程序的方法。
(3) 熟练使用 Java 开发工具 JDK。
(4) 了解 print()及 println()方法。

实训内容

首先设置环境变量，然后编写一个类似于 HelloWorld 的程序，该程序的输出是：Hello 人名，例如"Hello 李明"，然后修改程序，先输出"Hello"，之后再换行输出人名。

简要提示

(1) 设置的环境变量主要是 path 变量，将其设置为 Java 的安装目录即可，但对于不同的操作系统设置方法不同，读者可根据自己的机器环境进行设置。

(2) 程序的主体是 main() 方法。第一次编写时，将姓名作为 print() 语句的参数即可。为了实现换行，在第二次编写时，需要使用 println() 语句或者使用带有转义字符\n 的 print() 语句。

(3) 每一次对程序进行修改后都需要使用 Java 的编译器 javac 重新编译，再用解释器 java 运行。

实训 2　基本数据类型、运算符

实训目的

(1) 进一步理解 Java 的基本数据类型，掌握语法基础知识。
(2) 掌握 Java 运算符。

实训内容

编写程序，输出字符'你'、'あ'的 Unicode 编码；编写程序输出 Unicode 编码 20328 和 12358 所代表的字符。

简要提示

(1) 定义两个字符变量，分别保存字符'你'、'あ'。
(2) 进行强制转换以输出字符 Unicode 编码。
(3) 要查看某一合法 Unicode 编码所代表的字符，只需要对字符进行强制转换。

实训 3　Java 控制结构

实训目的

通过本次实训主要学习程序的流程控制语句，包括：
(1) 条件语句。
(2) 循环语句。
(3) 跳转语句。

实训内容

(1) 编写一个程序，用于将两个整数值和一个运算符(限定为+、-、*、/ 这 4 种运算)存储在相应的变量中，并执行必要的运算。

(2) 编写一个程序，求 50 以内的奇数之和，以及 50 以内的素数。

简要提示

(1) 两个整型变量和一个字符型变量用来存储两个操作数和运算符。
(2) 使用 switch 语句执行必要的运算,并输出结果。
(3) 素数是只能被 1 和它本身整除的整数。
(4) 数的产生由 for 循环语句控制,注意 break 语句和 continue 语句的使用方法。

实训 4 方法的定义和调用

实训目的

(1) 掌握简单的方法定义和调用。
(2) 了解方法中的参数传递。

实训内容

编写一个程序,求第一项为 1、差值为 4 的等差数列的第 n 项。

简要提示

使用方法参数传递 n 值。

实训 5 对象的创建与使用

实训目的

(1) 类的创建及其成员定义。
(2) 对象的创建及使用方法。
(3) 构造函数的使用方法。

实训内容

创建 Computer 类用于描述计算机的属性及其操作。类中应该有表示计算机基本组成部件(如品牌、颜色、CPU 型号、内存容量、硬盘容量等)的成员,也有表示计算机价格、工作状态的成员,并可以对这些成员进行设置和输出。

用构造函数实现计算机的基本操作。可以对计算机进行开机、关机、待机等模拟操作,并用计算机的状态属性表明。

简要提示

(1) 在 Computer 类中设计若干成员变量,表示计算机的基本属性。
(2) 定义 setcomputer()方法对成员变量进行设置。设计 printcomputer()方法用于实现这些成员变量的输出。

(3) 为 Computer 类设计构造函数，以便于创建对象。构造函数可以传入参数，以便对计算机的属性进行设置，也应该创建空参数的构造函数。

(4) 在 Computer 类中还应该设计 pc_open()、pc_close()等方法，用于"模拟"计算机进行开、关等操作。这些方法应当改变表示计算机工作状态的成员变量。

(5) 使用 Computer 类创建具体的对象 Mycomputer，可以创建一个，也可以创建多个，用于测试上面定义的方法。

实训 6　类的组织——包

实训目的

(1) 包的创建及使用方法。
(2) 类及其成员的访问权限。
(3) 类路径变量的使用方法。

实训内容

创建类 Factorial 实现求阶乘的功能，并放入自己的包 mypackage.factorial 中。在另一个包 mypackage.test 中定义 TestFactorial 类，测试能否实现计算阶乘的功能。

简要提示

(1) 计算阶乘要区分正数、负数和零，所以求阶乘时必须分各种情况。
(2) 将两个类分别放入不同的包中，编译时需要注意加上-d 参数，以便自动生成定义的包。
(3) 运行时，需要注意使用类的全限定名，而不能使用类的短名。
(4) 要注意改变类路径变量，以使程序能够正确运行，并加深对 Java 包的理解。

实训 7　类的继承

实训目的

(1) 了解 Java 继承的基础知识。
(2) 学会使用 Java 实现继承。
(3) 掌握 Java 继承的应用。

实验内容

(1) 编写一个程序，首先创建一个员工类(employee)，包含若干成员。然后使用关键字 extends 创建"老板"类(manager)，说明 Java 类的继承关系。

(2) 编写一个简单的程序,在父类中定义一个以上访问权限为 private 的成员变量和方法,以及访问权限为非 private 的方法。创建子类,试图访问父类的这些成员,并解释所产生的现象。

(3) 编写一个程序,子类在创建一个对象时调用父类的构造函数。子类能继承父类的构造函数吗?

简要提示

(1) Java 使用关键字 extends 实现继承,通过继承,子类就被添加到(扩展了)父类。语法格式如下:

```
class Employee {
     //类体
}
class Manager extends Employee {
     //类体
}
```

(2) 注意要点:通过继承可以实现代码复用。父类包括被直接或者间接继承的类。子类不能继承父类中访问权限为 private 的成员变量和方法。子类可以重写父类的方法,以及命名与父类同名的成员变量。

(3) 构造函数的继承:在层次结构中,父类和子类都可以有自己的构造函数,这就产生了一个重要的问题:由哪一个构造函数——是子类构造函数、父类构造函数,还是两者负责创建子类的对象?事实上,超类的构造函数构造对象的超类部分,而子类的构造函数构造子类部分。

实训 8　重载和覆盖

实训目的

(1) 了解 Java 的多态性。
(2) 学会 Java 的方法重载和方法覆盖。
(3) 掌握 Java 方法重载和覆盖的应用。

实验内容

(1) 编写一个程序,要求创建一个类,类体中包含有 void receive(int i)、void receive(int x, int y)、void receive(double d)、void receive(String s)等方法,另外创建一个类文件调用该类中的方法,从而实现方法重载。

(2) 编写一个程序,要求创建一个类,类体提供两个以上的自定义构造函数,复制其中一个构造函数的某方面效果到另一个构造函数中,并在程序主入口处调用构造函数来创建不同的对象实例。

(3) 编写一个程序，创建 SuperClass，在这个类里建立一个终态(final)方法，另外创建一个类 SubClass 继承于 SuperClass 类，在该类中创建一个方法去覆盖父类的终态方法，然后试图调用该终态方法，并对所产生的现象给出解释。

简要提示

(1) 实现方法重载的注意要点：方法名必须相同，参数表必须不同，返回类型可以不同。当调用这些方法时，会根据提供的参数表选择一种合适的方法。

(2) 构造方法具有和类相同的名称，而且不返回任何数据类型。构造函数的重载使得一个类可以有多个构造函数，如果想复制其中一个构造函数的某方面效果到另一个构造函数中，可以使用关键字 this 作为一个方法调用来达到这个目的。

(3) 实现方法覆盖时，子类中的方法与父类中的方法完全相同：方法名相同，参数表相同，返回类型相同。

(4) 方法覆盖的规则：不能抛出更多的异常，不能指定更弱的访问权限。虽然终态(final)方法不能覆盖，但是也必须遵循同样的规则。

实训 9 接口的实现

实训目的

通过实验了解接口的定义和接口的实现。

实验内容

(1) 编写一个程序，定义两个接口，接口可以不书写代码，另外定义两个接口分别实现单继承和多继承。

(2) 定义一个接口 Volume，其中包含一个计算体积的抽象方法 calculateVolume()，然后设计 Circle 和 Rectangle 两个类都实现接口的方法 calculateVolume()，分别计算球体和长方体的体积。

简要提示

(1) 接口中的方法默认是由 public abstract 修饰的，不能有方法体。接口不能定义静态方法。接口中的变量实际上是由 public static final 修饰的常量。

(2) 类与接口的关系是实现(关键字 implements)。接口提供了一种规范，所有实现接口的类(抽象类除外)必须实现接口中所有的抽象方法。

(3) Circle 类和 Rectangle 类都要使用由 public 修饰的 calculateVolume()方法，才能覆盖接口 Volume 中的方法，否则将被警告在接口中定义的方法的访问控制范围缩小了。

实训 10　数组及命令行参数

实训目的

通过本次实训，主要学习：
(1) 数组的创建及其遍历。
(2) 对象数组的使用。
(3) 命令行参数的传递及使用。

实训内容

现有职工类 Employee，其代码如下：

```
class Employee{
    String name;        //姓名
    int number;         //编号
    int age;            //年龄
    int salary;         //薪水
    public Employee(String name,int number,int age,int salary){
        this.name=name;
        this.number=number;
        this.age=age;
        this.salary=salary;
    }
}
```

要求编写类 EmployeeTest，在类中使用数组存储若干职工的信息，并提供方法分别计算职工年龄、薪水的最大值、最小值和平均值。

程序运行时在命令行中输入两个参数，根据参数返回职工年龄或薪水的信息。第一个参数若是 age 表明计算年龄信息，若是 salary 表明计算薪水信息；第二个参数若是 avg 表明计算平均值，若是 min 表明计算最小值，若是 max 表明计算最大值。

例如，若输入以下信息，则表明求职工年龄的平均值：

```
java Employee age avg
```

若输入以下信息，则表明求职工薪水的最大值：

```
java Employee salary max
```

其他输入都显示输入错误。

简要提示

(1) 在程序中创建 Employee 数组存储若干 Employee 对象，创建方法对该数组变量进行操作，主要操作是利用循环进行数组的遍历。

(2) 数组中的每一个变量都是一个 Employee 对象，都可以使用成员运算符"."调用成员变量并进行比较或运算。

(3) 在程序的 main 方法中进行命令行参数的判断，首先判断是否为两个参数，然后判断两个参数分别是什么。根据不同的参数，调用不同的方法。

(4) 进行字符串比较时，使用 String 类的 equals 方法或 equalsIgnoreCase 方法。

实训 11 String 类和 StringBuffer 类

实训目的

(1) 掌握 String 中的常用方法。
(2) 掌握 StringBuffer 中的常用方法。

实训内容

(1) 编写一个应用程序，判断两个字符串是否相同，并进一步按字典顺序比较字符串的大小。

(2) 编写一个应用程序，使用 StringBuffer 对象实现对字符串的编辑操作，包括：替换字符串中的某些字符，删除字符串中的某些字符，在字符串中插入或尾部加入新的字符串，翻转字符串等。

简要提示

(1) String 类的构造函数可以使用"String("ABCDE");"的形式。equals()方法用于判断字符串是否相等，compareTo()方法用于比较字符串的大小。

(2) StringBuffer 类的构造函数可以使用"StringBuffer("ABCDE");"的形式。replace()方法用来替换字符串，insert()方法用来插入字符串，delete()方法用来删除字符串，append()方法用来在尾部追加字符串，reverse()方法用于实现字符串翻转。

实训 12 异常处理

实训目的

(1) 了解 Java 异常基础，会创建并处理有异常的 Java 程序。
(2) 掌握异常机制的应用。

实验内容

(1) 编写一个测试"异常类型不匹配"的程序，程序产生的异常类型与在 catch 语句中声明捕获的异常类型不匹配。例如，程序产生 ArrayIndexOutOfBoundsException 类异常，catch 语句捕获 NumberFormatException 类异常。

(2) 编写一个程序，将命令行中的参数转换成整型数值。要求：使用 try－catch 捕获异常。

(3) 编写具有 try－catch－finally 的异常处理程序，要求：在 try 块或 catch 块中有 return 语句，然后再在 try 块中发生异常的程序前或在 catch 块的处理异常的程序中加入 System.exit()方法。

(4) 编写一个包含多个 catch 子句的异常处理程序。要求：catch 子句按照异常的层次结构由低到高的顺序依次捕获不同层次的异常。

(5) 使用 throws、throw 关键字编写一个声明了抛弃异常的程序。

简要提示

(1) 如果不能确定会发生哪种情况的异常，那么最好指定 catch 捕获的异常类为 Exception，因为 Exception 是大部分异常类的超类。试图捕获一个不同类型的异常，将会发生意想不到的情况。

(2) 不论在 try 代码块中是否发生了异常事件，finally 块中的语句都会被执行。但是，如果在 try 块中发生异常的程序前，或在 catch 块的处理异常的程序中执行了 System.exit() 方法，终止了虚拟机，则 finally 块无法执行。

(3) 当使用多个 catch 语句时，捕获异常的顺序与 catch 语句的顺序有关，当捕获到一个异常时，剩下的 catch 语句就不再进行匹配。因此，在安排 catch 语句的顺序时，首先应该捕获最特殊的异常，然后再逐步一般化，也就是说应该先安排异常的子类，再安排异常的父类。

(4) throws 子句用在方法的声明中，指明该方法不对这些异常进行处理，而是声明抛弃它们；throw 语句用在方法的方法体内，用于抛出异常。

实训 13　文件属性的访问

实训目的

(1) 掌握 File 类的构造方法。
(2) 掌握 File 类的常用方法，并能够灵活应用它来获取文件的相关属性。

实训内容

编写一个程序，实现类似于 DOS 操作系统命令 DIR 的功能，列出指定目录内所有文件和目录的相关信息。

运行结果如图 10.1 所示。

```
D:\javapj\myinput>java Jdir d:\javapj
2005-3-16 9:31:02        461      ex.class
2005-3-21 20:58:00        27      myproject.jcu
2005-3-21 20:58:00       172      myproject.jcw
2005-3-21 20:58:00         2      myproject.jcd
2005-3-16 9:31:00        183      ex.java
2005-3-21 90:57:50        89      mysys.java
2005-4-16 23:18:44       554      myjava.jcu
2005-4-16 23:18:44       262      myjava.jcw
2005-3-21 21:12:06      <DIR>     myinput
2005-4-16 23:18:44      4175      myjava.jcd

9 个文件         5925 字节
1 个目录
```

图 10.1　实训 13 的运行结果示意图

简要提示

（1）运行该程序，如果没有给定参数，就显示当前目录下的文件与子目录的相关信息。程序也可以从 main(String args[])方法中接收一个参数，作为要显示的目录和文件名称。

（2）引用字符串参数 args[0]时，要考虑在没有参数输入的情况下可能出现的异常。可以用以下代码来完成参数的读取。

```
try{
dir=args[0];        //dir 是已定义的 String 对象
}catch(ArrayIndexOutOfBoundsException e){
dir="./";           //考虑没有参数传入时,dir 的值是当前目录
}
```

（3）根据传入的参数创建 File 类的实例，并判断该文件或目录是否存在。

```
File f=new File(dir);
   if(!f.exists()){
     System.out.println("文件或目录不存在!");
     System.exit(0);
   }
```

（4）在传入参数相连的文件或目录存在的情况下，判断是否是目录，如果是目录则显示该目录中文件和相关子目录的有关情况；如果是文件，则显示该文件的相关信息。

（5）目录的处理比较复杂，要获取该目录下的文件或子目录信息，可以使用 listFiles()方法来返回该目录下的所有文件对象。如："File ls[]=f.listFiles();"，然后分别判断返回的每个元素是目录还是文件，如果是文件还要输出字节数。使用循环语句 for(int i=0;i<ls.length;i++){ …}完成信息输出。

（6）由于 File 类的 lastModified()方法返回的时间是长整数，要输出日期和时间，可以使用 Date 类对象的方法实现。

实训 14　文本文件的读写

实训目的

(1) 掌握 FileInputStream 类和 FileOutputStream 类的构造方法、常用方法。
(2) 能够利用 FileInputStream 和 FileOutputStream 对象实现对文件的读写。

实训内容

编写一个程序，能够完成对一个文本文件的复制功能。源文件名和目标文件名都在命令行中指定，同时在屏幕上输出该文件的内容。程序运行后的结果如图 10.2 所示。

```
D:\javapj\myinput>java CopyFile aa.txt bb.txt
   Java 语言是一种公司追求软件系统运行环境无关性的跨平台
语言，为此 Java 平台将应用程序之间、应用程序与磁盘文件之间的
数据抽象为各种类型的流（Stream）对象，将文件系统中的文件抽
象为 File 对象。
1. 什么是流？流式输入输出有什么特点？
2. Java 流被分为字节流、字符流两大流类，两者有什么区别？
复制文件完成，共 284 个字节！
```

图 10.2　实训 14 的运行结果示意图

简要提示

(1) 在命令行中必须输入源文件名和目标文件名，且两者不能相同。
(2) 为源文件创建输入流对象，为目标文件创建输出流对象，对于文本文件内容的读写采用循环结构中输入流的 read()方法和输出流 write()方法实现。
(3) 读写结束，关闭输入输出流。

实训 15　随机文件的读写

实训目的

(1) 掌握 RandomAccessFile 类的构造方法、常用方法，特别对于指针的控制。
(2) 能够利用 RandomAccessFile 对象实现对随机文件的读写。

实训内容

编写一个程序，结合例 7.4 中所创建的 student.dat 文件，能够实现对学生记录的随机访问，要求输入记录号，读出该记录对应的学生信息。

简要提示

(1) 要将输入的字符转换成数值类型，参阅标准输入输出的数据类型转换。

(2) 为 student.dat 文件创建一个与之连接的 RandomAccessFile 类的对象 ra。

(3) 根据文件的长度判断记录号是否超出文件的范围。若 n 是记录号，每条记录的长度是 19 个字节，则：

```
if(n*19>=ra.length())  {
    System.out.println("记录号超出范围！");
}
```

(4) 对于正常范围内的记录号，通过 RandomAccessFile 类的 seek()方法找到该记录，并用对应的方法去读取它。

```
ra.seek(n*19);
    b=new byte[8];
    ra.read(b);
    int age=ra.readInt();
    boolean sex=ra.readBoolean();
```

(5) 要考虑程序中可能出现的异常并处理。

实训 16 图形用户界面(一)

实训目的

通过本次实训，应掌握基本的 Swing 组件及布局管理器，包括：

(1) 标签、按钮、文本框、复选框、单选框等的使用方法。

(2) 常用布局管理器的使用方法。

(3) 通过布局管理器的混合使用来创建较复杂的图形用户界面。

实训内容

(1) 设计一个程序，分别设置 FlowLayout 的对齐方式为居中、左对齐和右对齐，在程序中放置 5 个按钮，按钮标题任意，试着改变程序窗口大小，观察各种对齐方式下按钮的排列有何变化。运行结果如图 10.3 所示。

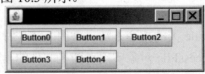

图 10.3 实训 16(1)的运行结果示意图

(2) 设计一个程序，使用 BorderLayout，设置组件水平、竖直间距分别为 10 像素和 5 像素，在程序中放置 5 个按钮，按钮标题任意，分别放在 BorderLayout 的 5 个区，试着改变程序窗口大小，观察组件变化。运行结果如图 10.4 所示。

图 10.4　实训 16(2)的运行结果示意图

(3) 设计一个程序，使用 GridLayout，在程序中放置 13 个按钮，按钮文本任意，分别设置 GridLayout 的行列为[4,4]、[3,5]、[5,3]，试着改变程序窗口大小，观察组件变化。运行结果如图 10.5 所示。把 GridLayout 的行列分别改变为[13,0]和[0,13]，会出现什么情况？由此能得出什么结论？

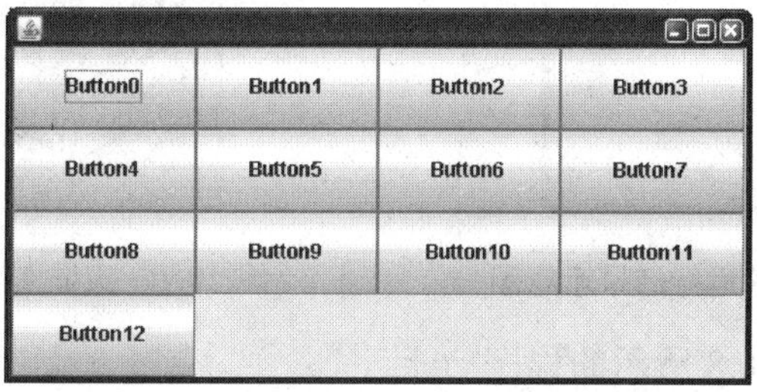

图 10.5　实训 16(3)的运行结果示意图

简要提示

(1) 布局管理器可以管理放置在容器中的组件的排列。

(2) 仅使用几种简单的布局管理器还不能设计出比较出色、复杂的 GUI。可以采取把组件放置到 JPanel 中，然后把再 JPanel 放置在其他容器中的方法来创建较复杂的 GUI。GridLayout 布局管理器有利于创建较复杂的 GUI。

(3) GUI 的设计需要有熟练的技巧和丰富的经验，必须加强实践，反复调试。

实训 17　图形用户界面(二)

实训目的

通过本次实训，应掌握 Java 图形用户界面中的常用事件，包括：

(1) 理解 Java 事件处理机制。

(2) 掌握常用 Java 事件如动作事件、选择事件、鼠标事件、调整事件等的处理方法。

(3) 掌握利用 Graphics 对象绘制图形的方法。

实训内容

(1) ActionListener 及 KeyListener 的使用。设计如图 10.6 所示的简易聊天室程序界面，在文本框中输入文字，单击"发送"按钮，或在文本框中按回车键，文本框中的文字就被添加到多行文本区中(可以设置多行文本区的文字颜色、字体等，使它更像一个实际的聊天室)。

(2) 用 Graphics 对象绘制各种图形，如图 10.7 所示。

图 10.6　实训 17(1)的运行结果示意图　　　图 10.7　实训 17(2)的运行结果示意图

(3) 编程实现如图 10.8 所示的程序功能。

图 10.8　实训 17(3)的运行结果示意图

简要提示

(1) 要让程序通过 GUI 与用户交互，需要考虑用户可能进行的操作，这些操作将产生哪些类型的事件，事件源是哪些组件，由哪个(或哪些)接口来处理这些事件等。

(2) 必须熟悉事件的类型及处理事件的方法。

(3) 可以自己选择一些典型的例子，练习 Listener 的使用方法，掌握 Java 的常用事件处理方法。

实训 18　数据库操作

实训目的

(1) 熟悉 SQL 语句的使用方法。
(2) 学会编写加载数据库驱动程序和连接数据库的 Java 程序。
(3) 应用 java.sql 包中的类和接口编写操作数据库的应用程序。
(4) 掌握菜单及快捷菜单的设计方法及菜单事件的处理方法。

实验内容

结合第 9 章中的内容以及 Java 的 GUI 设计方法，设计并实现一个较完整的学生信息管理系统，可以查询学生信息，并且可以添加、删除、修改学生信息。

简要提示

(1) 数据库 stu.mdb、数据表 student、数据库处理程序可以参照第 9 章。
(2) 可以将不同的操作放到不同的窗体中，数据处理程序与界面程序也可以分开。
(3) 可以使用单独的类存取数据，以方便编程。

参 考 文 献

[1] Java™ Standard Edition 6 API Specification[EB/OL].http://www.oracle.com/technetwork/jowa/javase/documehtatien/index.html.

[2] Bruce Eckel．Java 编程思想[M]．侯捷，译．北京：机械工业出版社，2002．

[3] 耿祥义，张跃平．Java 2 实用教程[M]．北京：清华大学出版社，2004．

[4] 朱战立，沈伟．Java 程序设计实用教程[M]．北京：电子工业出版社，2005．

[5] 王秀红．Java 程序设计[M]．北京：中国铁道出版社，2008 年．

[6] 刘志成．Java 程序设计实例教程[M]．北京：人民邮电出版社，2010．

[7] 刘新娥，罗晓东．Java 程序设计与应用教程[M]．北京：清华大学出版社，2011．

[8] 包海山．Java 程序设计案例教程[M]．北京：机械工业出版社，2011．

全国高职高专计算机、电子商务系列教材推荐书目

【语言编程与算法类】

序号	书号	书名	作者	定价	出版日期	配套情况
1	978-7-301-13632-4	单片机C语言程序设计教程与实训	张秀国	25	2012	课件
2	978-7-301-15476-2	C语言程序设计(第2版)(2010年度高职高专计算机类专业优秀教材)	刘迎春	32	2011	课件、代码
3	978-7-301-14463-3	C语言程序设计案例教程	徐翠霞	28	2008	课件、代码、答案
4	978-7-301-16878-3	C语言程序设计上机指导与同步训练(第2版)	刘迎春	30	2010	课件、代码
5	978-7-301-17337-4	C语言程序设计经典案例教程	韦良芬	28	2010	课件、代码、答案
6	978-7-301-20879-3	Java程序设计教程与实训(第2版)	许文宪	28	2013	课件、代码、答案
7	978-7-301-13570-9	Java程序设计案例教程	徐翠霞	33	2008	课件、代码、习题答案
8	978-7-301-13997-4	Java程序设计与应用开发案例教程	汪志达	28	2008	课件、代码、答案
9	978-7-301-10440-8	Visual Basic程序设计教程与实训	康丽军	28	2010	课件、代码、答案
10	978-7-301-15618-6	Visual Basic 2005程序设计案例教程	靳广斌	33	2009	课件、代码、答案
11	978-7-301-17437-1	Visual Basic 程序设计案例教程	严学道	27	2010	课件、代码、答案
12	978-7-301-09698-7	Visual C++ 6.0程序设计教程与实训(第2版)	王丰	23	2009	课件、代码
13	978-7-301-15669-8	Visual C++程序设计技能教程与实训——OOP、GUI与Web开发	聂明	36	2009	课件
14	978-7-301-13319-4	C#程序设计基础教程与实训	陈广	36	2012年第7次印刷	课件、代码、视频、答案
15	978-7-301-14672-9	C#面向对象程序设计案例教程	陈向东	28	2012年第3次印刷	课件、代码、答案
16	978-7-301-16935-3	C#程序设计项目教程	宋桂岭	26	2010	课件
17	978-7-301-15519-6	软件工程与项目管理案例教程	刘新航	28	2011	课件、答案
18	978-7-301-12409-3	数据结构(C语言版)	夏燕	28	2011	课件、代码、答案
19	978-7-301-14475-6	数据结构(C#语言描述)	陈广	28	2012年第3次印刷	课件、代码、答案
20	978-7-301-14463-3	数据结构案例教程(C语言版)	徐翠霞	28	2009	课件、代码、答案
21	978-7-301-18800-2	Java面向对象项目化教程	张雪松	33	2011	课件、代码、答案
22	978-7-301-18947-4	JSP应用开发项目化教程	王志勃	26	2011	课件、代码、答案
23	978-7-301-19821-6	运用JSP开发Web系统	涂刚	34	2012	课件、代码、答案
24	978-7-301-19890-2	嵌入式C程序设计	冯刚	29	2012	课件、代码、答案
25	978-7-301-19801-8	数据结构及应用	朱珍	28	2012	课件、代码、答案
26	978-7-301-19940-4	C#项目开发教程	徐超	34	2012	课件
27	978-7-301-15232-4	Java基础案例教程	陈文兰	26	2009	课件、代码、答案
28	978-7-301-20542-6	基于项目开发的C#程序设计	李娟	32	2012	课件、代码、答案

【网络技术与硬件及操作系统类】

序号	书号	书名	作者	定价	出版日期	配套情况
1	978-7-301-14084-0	计算机网络安全案例教程	陈昶	30	2008	课件
2	978-7-301-16877-6	网络安全基础教程与实训(第2版)	尹少平	30	2012年第4次印刷	课件、素材、答案
3	978-7-301-13641-6	计算机网络技术案例教程	赵艳玲	28	2008	课件
4	978-7-301-18564-3	计算机网络技术案例教程	宁芳露	35	2011	课件、习题答案
5	978-7-301-10226-8	计算机网络技术基础	杨瑞良	28	2011	课件
6	978-7-301-10290-9	计算机网络技术基础教程与实训	桂海进	28	2010	课件、答案
7	978-7-301-10887-1	计算机网络安全技术	王其良	28	2011	课件、答案
8	978-7-301-12325-6	计算机网络与安全技术教程与实训	韩最蛟	32	2010	课件、习题答案
9	978-7-301-09635-2	网络互联及路由器技术教程与实训(第2版)	宁芳露	27	2012	课件、答案
10	978-7-301-15466-3	综合布线技术教程与实训(第2版)	刘省贤	36	2012	课件、习题答案
11	978-7-301-15432-8	计算机组装与维护(第2版)	肖玉朝	26	2009	课件、习题答案
12	978-7-301-14673-6	计算机组装与维护案例教程	谭宁	33	2012年第3次印刷	课件、习题答案
13	978-7-301-13320-0	计算机硬件组装和评测及数码产品评测教程	周奇	36	2008	课件
14	978-7-301-12345-4	微型计算机组成原理教程与实训	刘辉珞	22	2010	课件、习题答案
15	978-7-301-16736-6	Linux系统管理与维护(江苏省省级精品课程)	王秀平	29	2010	课件、习题答案
16	978-7-301-10175-9	计算机操作系统原理教程与实训	周峰	22	2010	课件、答案
17	978-7-301-16047-3	Windows服务器维护与管理教程与实训(第2版)	鞠光明	33	2010	课件、答案
18	978-7-301-14476-3	Windows2003维护与管理技能教程	王伟	29	2009	课件、习题答案
19	978-7-301-18472-1	Windows Server 2003服务器配置与管理情境教程	顾红燕	24	2012年第2次印刷	课件、习题答案

【网页设计与网站建设类】

序号	书号	书名	作者	定价	出版日期	配套情况
1	978-7-301-15725-1	网页设计与制作案例教程	杨森香	34	2011	课件、素材、答案
2	978-7-301-15086-3	网页设计与制作教程与实训(第2版)	丁巧娥	30	2011	课件、素材、答案

序号	书号	书名	作者	定价	出版日期	配套情况
3	978-7-301-13472-0	网页设计案例教程	张兴科	30	2009	课件
4	978-7-301-17091-5	网页设计与制作综合实例教程	姜春莲	38	2010	课件、素材、答案
5	978-7-301-16854-7	Dreamweaver 网页设计与制作案例教程(2010年度高职高专计算机类专业优秀教材)	吴鹏	41	2012	课件、素材、答案
6	978-7-301-11522-0	ASP .NET 程序设计教程与实训(C#版)	方明清	29	2009	课件、素材、答案
7	978-7-301-13679-9	ASP .NET 动态网页设计案例教程(C#版)	冯涛	30	2010	课件、素材、答案
8	978-7-301-10226-8	ASP 程序设计教程与实训	吴鹏	27	2011	课件、素材、答案
9	978-7-301-13571-6	网站色彩与构图案例教程	唐一鹏	40	2008	课件、素材、答案
10	978-7-301-16706-9	网站规划建设与管理维护教程与实训(第2版)	王春红	32	2011	课件、答案
11	978-7-301-17175-2	网站建设与管理案例教程(山东省精品课程)	徐洪祥	28	2010	课件、素材、答案
12	978-7-301-17736-5	.NET 桌面应用程序开发教程	黄河	30	2010	课件、素材、答案
13	978-7-301-19846-9	ASP .NET Web 应用案例教程	于洋	26	2012	课件、素材
14	978-7-301-20565-5	ASP.NET 动态网站开发	崔宁	30	2012	课件、素材、答案
15	978-7-301-20634-8	网页设计与制作基础	徐文平	28	2012	课件、素材、答案
16	978-7-301-20659-1	人机界面设计	张丽	25	2012	课件、素材、答案

【图形图像与多媒体类】

序号	书号	书名	作者	定价	出版日期	配套情况
1	978-7-301-09592-8	图像处理技术教程与实训(Photoshop 版)	夏燕	28	2010	课件、素材、答案
2	978-7-301-14670-5	Photoshop CS3 图形图像处理案例教程	洪光	32	2010	课件、素材、答案
3	978-7-301-12589-2	Flash 8.0 动画设计案例教程	伍福军	29	2009	课件
4	978-7-301-13119-0	Flash CS 3 平面动画案例教程与实训	田启明	36	2008	课件
5	978-7-301-13568-6	Flash CS3 动画制作案例教程	俞欣	25	2012年第4次印刷	课件、素材、答案
6	978-7-301-15368-0	3ds max 三维动画设计技能教程	王艳芳	28	2009	课件
7	978-7-301-18946-7	多媒体技术与应用教程与实训(第2版)	钱民	33	2012	课件、素材、答案
8	978-7-301-17136-3	Photoshop 案例教程	沈道云	25	2011	课件、素材、视频
9	978-7-301-19304-4	多媒体技术与应用案例教程	刘辉珞	34	2011	课件、素材、答案
10	978-7-301-20685-0	Photoshop CS5 项目教程	高晓黎	36	2012	课件、素材

【数据库类】

序号	书号	书名	作者	定价	出版日期	配套情况
1	978-7-301-10289-3	数据库原理与应用教程(Visual FoxPro 版)	罗毅	30	2010	课件
2	978-7-301-13321-7	数据库原理及应用 SQL Server 版	武洪萍	30	2010	课件、素材、答案
3	978-7-301-13663-8	数据库原理及应用案例教程(SQL Server 版)	胡锦丽	40	2010	课件、素材、答案
4	978-7-301-16900-1	数据库原理及应用(SQL Server 2008 版)	马桂婷	31	2011	课件、素材、答案
5	978-7-301-15533-2	SQL Server 数据库管理与开发教程与实训(第2版)	杜兆将	32	2012	课件、素材、答案
6	978-7-301-13315-6	SQL Server 2005 数据库基础及应用技术教程与实训	周奇	34	2011	课件
7	978-7-301-15588-2	SQL Server 2005 数据库原理与应用案例教程	李军	27	2009	课件
8	978-7-301-16901-8	SQL Server 2005 数据库系统应用开发技能教程	王伟	28	2010	课件
9	978-7-301-17174-5	SQL Server 数据库实例教程	汤承林	38	2010	课件、习题答案
10	978-7-301-17196-7	SQL Server 数据库基础与应用	贾艳宇	39	2010	课件、习题答案
11	978-7-301-17605-4	SQL Server 2005 应用教程	梁庆枫	25	2012年第2次印刷	课件、习题答案

【电子商务类】

序号	书号	书名	作者	定价	出版日期	配套情况
1	978-7-301-10880-2	电子商务网站设计与管理	沈凤池	32	2011	课件
2	978-7-301-12344-7	电子商务物流基础与实务	邓之宏	38	2010	课件、习题答案
3	978-7-301-12474-1	电子商务原理	王震	34	2008	课件
4	978-7-301-12346-1	电子商务案例教程	龚民	24	2010	课件、习题答案
5	978-7-301-12320-1	网络营销基础与应用	张冠凤	28	2008	课件、习题答案
6	978-7-301-18604-6	电子商务概论(第2版)	于巧娥	33	2012	课件、习题答案

【专业基础课与应用技术类】

序号	书号	书名	作者	定价	出版日期	配套情况
1	978-7-301-13569-3	新编计算机应用基础案例教程	郭丽春	30	2009	课件、习题答案
2	978-7-301-18511-7	计算机应用基础案例教程(第2版)	孙文力	32	2012年第2次印刷	课件、习题答案
3	978-7-301-16046-6	计算机专业英语教程(第2版)	李莉	26	2010	课件、答案
4	978-7-301-19803-2	计算机专业英语	徐娜	30	2012	课件、素材、答案
5	978-7-301-21004-8	常用工具软件实例教程	石朝晖	37	2012	课件

电子书(PDF 版)、电子课件和相关教学资源下载地址：http://www.pup6.cn，欢迎下载。
联系方式：010-62750667，liyanhong1999@126.com，linzhangbo@126.com，欢迎来电来信。